科学家带我去探索丛书

还原地动仪
HUANYUAN DIDONGYI
——地震学家带我去探索

刘蕊平　著

U0293628

人民教育出版社
PEOPLE'S EDUCATION PRESS
·北京·

图书在版编目（CIP）数据

还原地动仪：地震学家带我去探索 / 刘蕊平著 . —— 北京：人民教育出版社，2016.5（2018.4 重印）

（科学家带我去探索丛书）

ISBN 978-7-107-23185-8

Ⅰ . ①还… Ⅱ . ①刘… Ⅲ . ①地震—青少年读物 Ⅳ . ① P315.4-49

中国版本图书馆 CIP 数据核字（2016）第 123500 号

科学家带我去探索丛书　还原地动仪 —— 地震学家带我去探索

出版发行　人民教育出版社
　　　　　（北京市海淀区中关村南大街 17 号院 1 号楼　邮编：100081）
网　　址　http://www.pep.com.cn
经　　销　全国新华书店
印　　刷　北京盛通印刷股份有限公司
版　　次　2016 年 5 月第 1 版
印　　次　2018 年 4 月第 2 次印刷
开　　本　787 毫米 ×1 092 毫米　1/16
印　　张　10
字　　数　140 千字
定　　价　30.60 元
审 图 号　GS（2015）2674 号

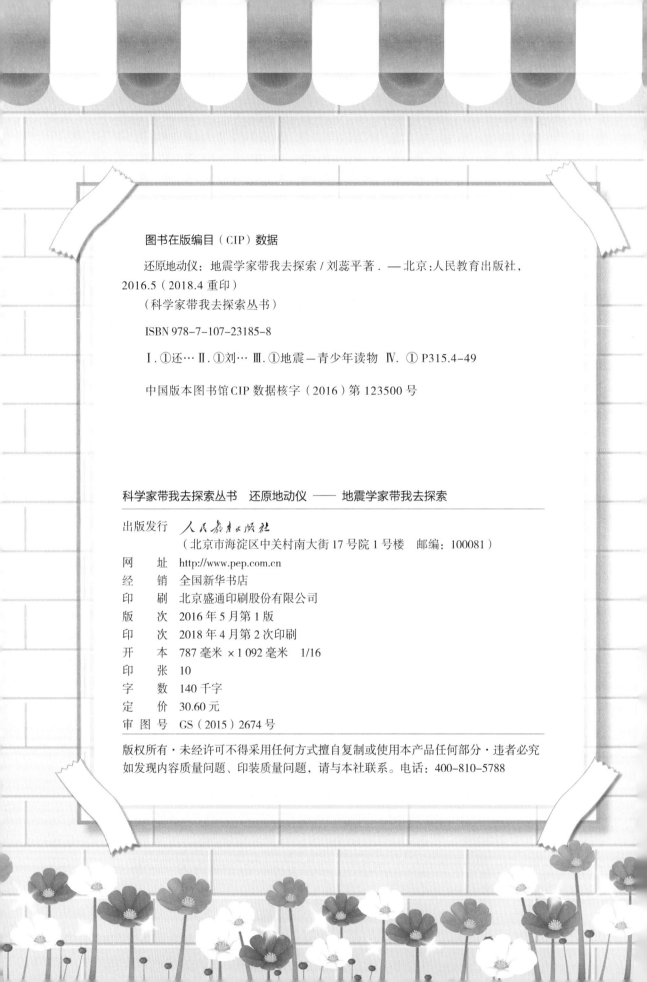

丛书顾问：牛灵江　韦志榕　杨　刚　金玉俊

丛书主编：黄海旺

执行主编：张军霞　王　佳

作　　者：刘蕊平

摄　　影：朱　京

图片提供：冯　锐

责任编辑：王海英

美术编辑：王　喆

装帧设计：王　喆　王　艾

插图绘制：北京心合文化有限公司　吴冠英

地图制作：中国地图出版社

地图审图：博　涛

特约审稿　冯　锐

（本书写作过程中得到姚如意的帮助，特致谢。）

　　《全民科学素质行动计划纲要(2006－2010－2020年)》展现了我国提高全民科学素质的宏伟蓝图和坚强决心。纲要中指出，公民的基本科学素质包括："了解必要的科学技术知识，掌握基本的科学方法，树立科学思想，崇尚科学精神，并具有一定的应用它们处理实际问题、参与公共事务的能力。"《科学家带我去探索丛书》涉及生命科学、物质科学、地球与空间科学三大科学领域的内容。在这套丛书中，每一册书有一个具体的研究主题，叙述了一位或一组在某一科学研究领域内有成就的科学家围绕研究任务展开的科学考察或科学研究活动，揭示了一个科学问题的真实探究过程。书中以事件发生的先后顺序为线索，依次介绍科学考察或科学研究活动的科学设想、前期准备、考察或研究过程、分析方法、研究成果等，使读者了解科学研究选题是如何提出的、科学家怎样做准备、在考察或研究中如何做记录、怎样分析资料形成研究成果。

　　本丛书首次全部从中国现代科学家中取材，特别是选择一批有成就的中青年科学家，使读者能够看到我们身边的、活生生的科学家与科学团队。本套丛书一方面使读者能够理解，在现代中国，科学研究是一个通过努力人人都可以从事的职业；同时，也向公众展现了积极进取、勇于奉献、以苦为乐的现代中国科学家形象。读者从中认识到科学并不神秘，科学探究是每个人都可以做的，从而使读者理解科学的本质。

　　在每本书中虚拟了两名学生，从学生的视角展开叙述，让读者从一个特定的视角去观察、体验。比如，书中的这些学生通过参加科学夏令营活动，对一位科学家或一个科学工作小组的研究工作产生了浓厚的兴趣，之后跟随科学家进行科学探究活动。在探究过程中不断产生疑问并努力解决问题，遇到困难并勇敢地战胜困难。这样，使科学考察或研究方法、科学知识更加通俗易懂。

　　书中呈现大量真实而有价值的照片和图解说明，其中包含丰富的信息，如科学研究方法、科学仪器的使用、拓展的科学知识等等，也使读者既如临其境，又便于理解。每册书最后有科学家寄语。科学家或研究小组借助寄语表达他们对青少年读者的期望与鼓励。

　　本丛书可以配合学校科学课程，成为科学教学中有极大参考价值的课程资源。这一特点体现为：

　　●丛书的内容选自三个科学领域，这与我国现行的科学课程标准相对应；

　　●丛书以科学家进行探究的过程为线索，具有探究性，符合现行科学课程标准强调的探究式学习理念；

　　●丛书展现了科学研究是一项需要与人合作、需要多方支持的事业，有利于学生理解现行科学课程标准中所倡导的合作学习的理念。

　　相信青少年读者通过阅读本套丛书，能够受到科学的熏陶，产生对科学研究的兴趣，甚至产生从事科学研究的美好理想。

中国科协科普资源共建共享办公室主任
中国青少年科技辅导员协会常务副理事长

目 录

这年暑假，因为父母都忙于工作，潭柘便带着作业与课外书来到姨妈家，与表妹镱镱作伴。这不，兄妹俩正一起津津有味地看潭柘从图书馆里借来的书。

这是一本有关地震的书。

地震造成山体大滑坡

周幽王二年（公元前 780 年）的一天，人们正安逸于天高云淡的好天气，京师洛阳附近（今宝鸡至西安之间）却是"黑风骤起，有声如雷，倾之地大震"——六级多的大地震灾难性地降临，瞬间破坏了陇山西侧青山绿水的秀美景色。

　　陇山上略有松动的巨石站立不稳，跌跌撞撞地坠入山下的深谷，砸向原本自由自在流动的渭水。河水受到惊扰，咆哮着翻卷起大浪，冲破了一处脆弱的低矮堤坝，向宽阔地带奔去。

　　周边栖息的老鼠、黄鼠狼、蛇和蜈蚣等，早已在地震降临之前逃至地势较高的地带。人类面对大自然的"震怒"却无招架之力，唯有跑到宽阔地带躲避可能坠落下来的物体，才是最明智的选择。鸟儿受到了惊扰，扑啦啦、齐刷刷地飞起来，除非做窝儿的树木倒了，地震对它们几乎没有影响。

　　偶尔，空中时断时续的鸣叫声干扰着人们的思绪。那是老鹰或是其他什么凶猛的禽鸟吗？它们的到来更增加了人们心中的阴影。

　　镱镱读到这里，"啊"地惊叫起来，"地震真的这

么可怕吗？"

　　兄妹俩赶紧上网进一步查找资料。了解到中国最近发生的一次地震是 2014 年云南鲁甸地震；再往前，有 2008 年四川汶川地震、1976 年唐山地震、1966 年邢台地震……这些近几十年来发生在中国大地上的地震，每一次都造成了巨大破坏。当时的特大地震灾情都引起了全国乃至世界人民的共同关注。面对突如其来的巨大灾难，全国人民携起手来共同抗震救灾。此外，邻国日本 2011 年发生福岛地震，造成福岛第一核电站多个机组先后爆炸，

2008 年 5 月 12 日四川汶川发生 8 级大地震，北川县城几乎被彻底摧毁

极其严重的核泄漏事故引发全球对核设施安全性的深刻反思。

　　"哥哥，地震好可怕，真是不敢想象地震发生时的情景！"镱镱对潭柘说。

　　"地震灾害是挺可怕的。要不，哪天我带你去中国科技馆看一看，我记得那里有能测到地震的地动仪模型。"潭柘上小学的时候，妈妈常带他去科技馆，这几年因为学业紧张，已经很长时间没有去了。趁着这个假期，他想带着镱镱去一趟科技馆，再好好参观参观，深入了解一些有关地震和地动仪的知识。

2011 年 3 月 11 日日本发生 9 级大地震，福岛核电站遭到破坏

人物介绍

冯 锐

地球物理学家，主持地动仪科学复原项目并获得突破性进展，首次复原出能成功验震的地动仪。

镱 镱

潭柘的表妹，一个漂亮、可爱的小姑娘。因为自身文静，所以更喜欢和开朗的人待在一起。爱好看书，记忆力强，四百页左右的书三个小时就能看完，并且能把内容都记到脑子里。

潭 柘

镱镱的表哥，一个对什么都好奇、外表酷酷的高中生。因为总是待在家里，忙于在网上撒欢儿似的搜索各种科学知识，所以起了一个网名——"宅在家里不动窝儿"。

小精灵

我国古代科学家张衡在132年发明的地动仪是世界上最早观测地震的仪器。你想了解它吗？随我一起来读这本书吧！

① 古代对地震的逐步认识

潭柘在中国科技馆官方网站（http://www.cstm.org.cn/）上查到近期将举办"如何判断地震"的科普演示活动。此次活动将邀请在地球物理学领域研究成果颇丰的专家冯锐做专门讲解。冯锐曾主持对遗失的张衡地动仪进行科学复原的研究项目，该项目取得了百年复原研究的突破性进展。由于冯锐教授对复原地动仪的很多细节部分做了必要的修改，使 2008 年版的复原地动仪科学研究工作达到现阶段的最高水平。

为了更好地参加此次科普活动，潭柘又特地从图书馆借了一些与地震有关的书籍，与镱镱一起仔细阅读，提前进行知识"预热"。

1.1 四千年前始记载，地震竟被披神衣

　　我国位于环太平洋地震带和喜马拉雅地震带之间，是一个多地震的国家。我国又是一个文明古国，文字记载非常丰富。"夏帝发七年（公元前 1831 年）泰山震"，短短几个字精练地道出了公元前 19 世纪发生在山东省泰山的地震，细心的中国古人当时就对此进行了连续记录。在记载了自夏、商、周至战国时期各项重大历史事件的《竹书纪年》这部书内，对公元前 1767 年、公元前 1189 年和公元前 1177 年在长安至洛阳一带发生的大地震都进行了记载。

　　我国古代先民在许多古籍中都留下了有关地震的记载，并用简朴的文字形象生动

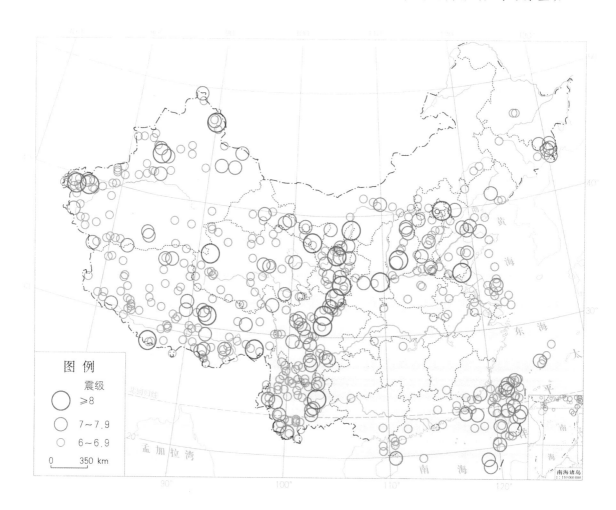

中国部分地区强震震中分布（公元前 780—公元 2009）

地震引发的泥石流填满了河道

好危险！

地描述了地震发生时的各种现象，如"地动""社坼裂"（坼裂：裂开、撕裂，在夏朝的国都附近发生了地震，导致祭祀的祭台裂开），"三川皆震"（泾、渭、洛三川发生大地震），"烨烨震电……山冢崒崩"（闪闪的电光，轰轰的雷鸣……巍峨的山顶崩塌），以及"湧泉出"（湧：水由下向上冒出来）"坏屋舍"（房屋被毁坏），等等。

"噢！我国古人好牛啊！哥哥，你知道中国古代与地震有关的最古老的记载是什么吗？"镱镱活学活用，立即想考考哥哥，看哥哥是否也认真地看过那段文字了。

潭柘见妹妹问他感兴趣的话题，立即兴奋起来："2 700多年前，伯阳父说过'阳伏而不能出，阴迫而不能蒸，于是有地震'，所以对付它的办法就是'你冒水，我浇地；你喷沙，我盖房；你把房子全震倒，我用房土当肥料'。"（1966年邢台地震时，地下深处的沙子在地下水上涌时被带到了地面，覆盖了庄稼，导致受灾土地颗粒无收。面对灾难，当地群众将自救办法编成了顺口溜儿，互相鼓励。）

"哥哥，你刚才看的不是文言文吗？可你说的怎么是顺口溜儿呀！"镱镱好奇地问。

这段时间里，兄妹俩的地震知识有了快速进步。他们不仅看了许多从图书馆借来的书籍，还得益于那天在科技馆结识了和蔼可亲的冯锐爷爷。在那天参加科普活动结束后，兄妹俩出于兴趣，积极向冯锐爷爷请教有关地震的知识。这不，冯爷爷通过邮件给兄妹俩传了许多资料。这些资料中，一个个通俗易懂的小故事是推荐给上小学六年级的镱镱看的，而夹杂着文言文的史料和一些科普文章是推荐给上高中的潭柘看的。现在，他们正在抓紧时间学习呢！

潭柘看了一会儿资料，把目光从电脑屏幕转向镱镱，说："我国对地震阐述看法的第一人是伯阳父。他说，阳气伏藏而不能出，被阴气压迫不能上升，所以才有地震。我查过背景资料了，伯阳父是中国西周时期的大思想家！"

镱镱没想到潭柘竟然能将伯阳父的这段话这么流利地说出来，佩服之意油然而生。

潭柘接着说："伯阳父论地震的这段话特别经典。古代阴阳学说就是从这里起步的，并在一段历史时期内被后人广泛地用于解释各种自然现象和社会现象。"

接着，潭柘向镱镱讲解起他看过的一些文言文资料。

地震造成地下水上涌，在地面形成喷泉状冒水

地震冒水的时候会伴随喷沙现象

周幽王二年（公元前780年），岐山发生山崩、塌方，泾、渭、洛三大河在同一天里遭遇了大地震的袭扰。消息传到伯阳父耳朵里，他首先担心百姓中会发生骚乱。没想到那个能做出烽火戏诸侯的周幽王却不以为然："山崩、地震是常事，何必这么麻烦地还来告诉我！"伯阳父认为，当初伊河、洛河也曾枯竭，夏朝在那时灭亡了；黄河干涸的时候，商朝灭亡了。这个岐山可不是普通的山，是周的发祥地。他便断言当时已经绵延不息二百多年的西周可能会"周室天下不出十年当亡"，便提前申请退休。果真，西周（公元前1046—公元前771）在伯阳父预言后的第八个年头灭亡了。

 1.2 天地无常降灾异，帝王应对出百招

潭柘将冯锐爷爷提供的西周、东周时期与地震有关的事件向镱镱讲述一遍后，两个人继续一起看后面的历史资料。史料跳过兵荒马乱的秦朝和西楚霸王时期，直接到了汉代。

汉代先后分为西汉与东汉两个时期。人们在迎来了长久的和平与安宁的同时，开始思考各种异常——星象（日月食、流星、彗星和行星运行等）、气象（打雷、

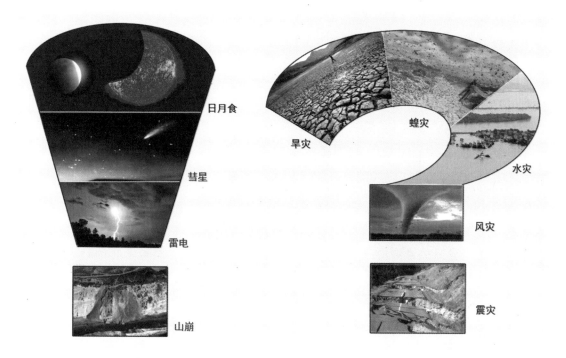

古人把四种天地异常现象视为不祥之兆　　　　　　　古代难以抗拒的五种自然灾害

闪电和辉光等）和地象（山崩、地陷、涌水等），以及各种自然灾害——干旱、洪水、台风、蝗虫灾害和地震灾害等。在不理解的情况下，人们将这些不常见的自然现象统称为"灾异"。它们虽然不一定直接危及人的性命，但是常常令人忧心忡忡。当时，人们能想得出来的应对办法只有虔诚地祈求"上天"或者"神灵"的护佑。

西汉的开国皇帝刘邦（公元前256—公元前195）断定自己是"天子"——"上天"的儿子，因此才有资格当皇帝。汉朝建立六十多年后，英明神武的武帝刘彻（公元前156—公元前87）强化了这种观点，积极倡导"天人感应"学说，把灾异的偶然发生视作"上天"对君王的警告、谴责和惩戒。是啊，谁敢挑至高无上的天子的错呢？当然只有"上天"这个当"父亲"的了。那是"上天"在生气、在发怒！相反，如果政通人和，上天就会"天降祥瑞"来表扬、赞美皇帝！

公元前140年，汉武帝登基后第三年的4月，星象师汇报："有一颗星星反常地向织女星跑去了，占卜结果为'有地震'！"次年10月，果然发生了地震，并在接下来的一个月里余震不断。这可"震"住了汉武帝。公元前131年3月，长安又感到地震，直到当年6月16日再次出现持续的余震时，汉武帝觉得不能再坐视不理了。为了避免落人口实，说他不是好皇帝，他慎重思考后，果断下令大赦天下。于是，汉武帝成为中国历史上为平息地震而进行大赦的第一人。

兄妹俩看着书，唏嘘不已："怎么会这样呢？地震是地壳的运动导致的，和人没有关系啊！"

"他们在做无用功！"潭柘说。

公元前70年6月1日，山东诸城发生7级大地震，山崩屋毁，死亡6 000余人（这是中国有史以来的第一次地震死亡人数超过千人的事件）。面对如此严重的灾情，在民间长大、了解民间疾苦的汉宣帝刘询（公元前91—公元前49）坐不住了，没等大家七嘴八舌地说三道四，他立即颁布"罪己诏"（皇帝布告天下臣民的书面文件叫作诏书），主动公开自我检讨，检讨自己无德，虔诚地说："老天，我有罪，请大家直言不讳地指出我的过失！"自此，汉宣帝成为中国历史上第一个因地震而下"罪己诏"的皇帝。这种对待地震的做法一直延续到唐代。

此后，史官们把每一次地震都作为重要灾异记入正史和《五行志》中。我们现在看到，在秦汉440年里有关地震的记录就有120余次。

汉宣帝还算是一个不错的皇帝。震后，他为老百姓做了很多实实在在的事情，如让政府牵头"建仓积粮"，建立健全社会救灾机制，规定大震后要立即赈济灾民、休兵减赋、调整官吏，也包括前面提到的大赦天下等收买民心的措施。

"皇帝的想法也太奇怪了！"镱镱说。

汉代画像石中的金乌驮着太阳，旁有北斗七星

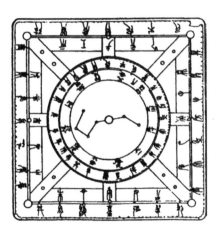

汉代用于占卜凶吉的地盘，当中为北斗七星

"不过，这样的皇帝还算是好皇帝了！至少为老百姓做了一些事情。"潭柘边说边把资料翻到了下一个朝代——东汉。

东汉的皇帝们琢磨着之前的皇帝做了那么多努力都没能制止住地震，便断定是告慰上苍、安抚民心的事还没有做到位。因此，他们除了继续下诏书自责外，又增加了一系列行动。有务实赈灾的，如征集谏言、任举新官、删减律令、减免租赋、军队休战、大赦天下，等等；还有许多迷信的、挨不着边际的做法，如明堂祭祖、灵台祈天、参见史官、观验物变、校正浑仪、身着素服、避进正殿、不理政事、改年号，等等。

顺帝刘保（115—144）是东汉时期 13 位皇帝中最勤于处理地震事件的。他除了做前面所说的事情以外，在位的 19 年中，两次专为地震改年号（136 年改阳嘉为永和，144 年改汉安为建康），一次亲自垂询地震对策（134 年），三次下"地震诏"（125 年、128 年、143 年），三次下"地震罪己诏"（133 年、136 年、138 年），三次派光禄大夫赴震区（128 年、138 年、143 年），四次以地震免高官（133 年、134 年、136 年、138 年）……

下这么大的功夫，是因为顺帝刘保对地震的认识实在是太刻骨铭心了。让我们一起来看看他少年时代的坎坷经历。

121 年，发生了 6.5 级大地震，波及 35 个郡，约为全国三分之一的领土。当年，经过血染成河的血腥争夺，安帝刘祜（94—125）在皇太后去世后，抢夺到国家大权，从没有实权的傀儡皇帝转正。皇帝的"独苗儿"刘保也当上了太子，是年 7 岁。122 年，没有强地震，大家相安无事。123 年，发生 7 级大地震，波及 32 个郡国、京师及汉阳。另一方面，不懂治国的安帝竟然将一些重要职能部门赐给了只会拍马屁的人掌管。这些人根本不懂治理天下，弄得整个国家乌烟瘴气，民不聊生，国力开始从强盛走向衰弱。124 年，发生了一些小的地震，刘保被坏人诬陷，失去了皇位继承权。125 年，安帝去世。经过惊心动魄的宫廷政变，11 岁的刘保登上皇帝宝座，称为顺帝。仅仅一个月后，波及京师及 16 个郡的强地震又来袭了。正所谓，顺帝在地震与政变更迭中不断成长。

1.3 地震真的特别多？浑水摸鱼细分析

按照6级以上强震平均每20年爆发一次的频率来看，从东汉之前的秦朝、西汉，一直到东汉之后的隋朝，地震活动起伏并不大，不是地震高发期。这时期的地震多数在4~5级，6级以上的强震次数有限，震后大多会有持续一二年的5级余震，属于中等强度。这个结论是当代科学家查阅了近4 000年的历史资料后得出来的。但是当时的皇帝哪里知道这许多，只要在京师感觉到地震（多数震中都在300千米以外），都会相当重视甚至深感恐惧。

就拿121年发生的地震来说。当年，太子刘保刚走进学堂，陪他读书的都是身份高贵的皇亲国戚。

我们可以想象一下当时的情景。正在上课时间，刘保正捧着书学习。此时冀

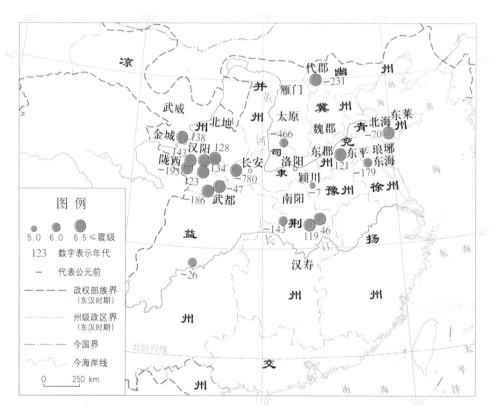

中国最古老的强地震震中分布（公元前780—公元143）。史料主要记载了中原和邻区的地震，也是张衡在世时需要面对的地震形势，以陇西地震为最多

南、鲁西一带发生了 6.5 级强震。专家计算当时地震的有感半径约 300 千米，洛阳刚好在"有感"的区域内。地震突然来袭，刘保感觉脚下不稳，屁股下的座椅生生地被抬起来，又被放下，左拽右拽，一气儿乱动。"怎么回事？要把我从座位上赶下去？"他身后没人，不像有人在开玩笑。四下张望，大家也都在莫名其妙地东瞧西看，似乎在问："怎么回事？什么情况？"短暂的停歇后，奇异的感觉再次袭来。座椅又接着把刘保拽来拽去，桌上的茶杯也叮叮当当地跳起"踢踏舞"，笔架上的笔居然也开始摇啊、晃啊。旁边伺候的小丫鬟像喝醉了一样，东倒西歪地站立不稳，惊恐地一屁股坐到地上！

"跑！"不知是谁喊的，这一个字提醒了所有人。趁着地震间歇时的平静，大家呼啦啦地往门外奔去，一拥而上堵住了门口。娇生惯养的刘保也只能又叫又跳，被人推推搡搡地跑出来。

跑出门，定睛一看，房子并没有倒塌，人也都安然无恙，还好是虚惊一场！

还在惊魂未定之时，刘保抬头发现不远处的房屋上挂的钟铃犹如幽灵般不停地晃荡着。现在没刮风呀！甚至连微风都没有，钟铃为何如此晃动？刚刚懂事的他不禁打了个寒战。

那时候不可能像现在这么发达。现在，这个级别的地震全球地震台网都能监测出来，仅 3 分钟就可以向公众发布地震消息。电视、电话、网络，任何一种能正常运转的通信系统，都可以实况直播地震灾害的进展和救援情况。

想象那时的情景。大家纷纷议论起来：

"刚才那么大的动静是怎么回事？"

"是地震吗？"

"是老天发怒了？"

"先等等吧，过几天就清楚了。"

为什么要等几天才能有消息呢？原来，东汉的通信制度十分严格。专职邮差身穿统一制服，头戴红头巾，臂着红色套袖，身背赤白囊，醒目地奔驰在驿道上。路过大大小小的关卡时，都要接受严格盘查，随身携带的文书由驿站进行登记后，才能通过。送信的速度有多快呢？一般是"快马日行三百里，车传七十里，步行四五十里"。也就是说，当时最快的交通

地震时，悬挂在房檐上的铃铛不停摇晃

工具是骑马，快马加鞭，一天跑三百里地，也就是 150 千米。这个距离，咱们现在高速公路上规规矩矩地开车，也就用一个多小时的时间罢了。

那时，皇宫里的皇帝正是刘保的父亲——安帝刘祜。在心急火燎地等了几天后，终于等到了消息。胡子眉毛一把抓的消息看得安帝心惊肉跳：35 个郡国均有震感，还出现了房倒屋塌的严重灾情，当时整个汉王朝也就 105 个郡国。安帝此时想起了伯阳父的话，心中大惊："糟了糟了，天下要大乱了，国将亡矣！"

当初汉朝建国时，吸取前朝亡国的教训，大刀阔斧地改革了很多弊端。秦朝统治者残暴、苛刻、滥杀无辜，汉朝主张仁慈、宽厚、体恤百姓，规定对于洪水、干旱、冰雹、蝗灾这些大灾，郡太守或国相要主动上报。比起前朝的不闻不问，这可是一大进步。

地震啦！地震啦！

但真的上报灾情了，又往往让人触目惊心。35 个郡国发生地震……多么严重的灾情呀！（那时候，一个郡国的面积相当于现在的七八个县那么大。）

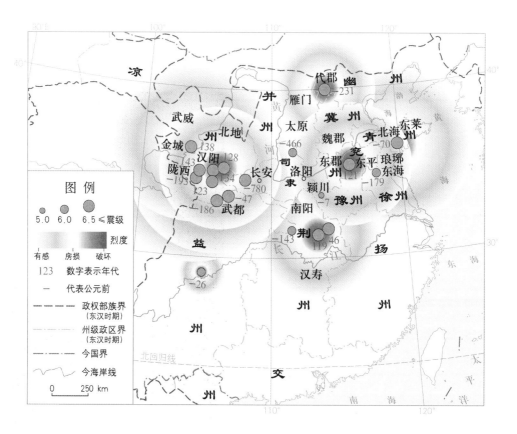

中国最古老的强地震烈度分布（公元前 780—公元 143）

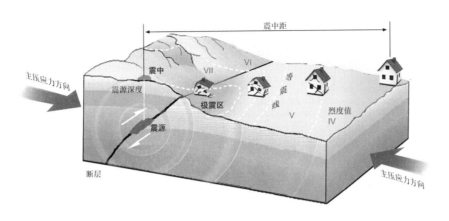

地震及其有关参数的定义示意图

其实，这都是统计方法惹的祸。如果一个郡（或者王国）管辖的二三个县受灾了，他们会立即向皇帝汇报："我们郡（国）受灾啦！"这么一喊，就成了整个郡或者整个王国都受灾了。如果地震不偏不倚正好发生在两郡的交界处，这两个郡就会跳着脚儿一起喊："我们两个郡受灾啦！"周边感受到地震波的郡国也会跟着起哄："我们也受灾啦！"

在各种自然灾害中，地震最为特殊。别的自然灾害都能看得见摸得着，一五一十地如实上报是理所当然的，可是到地震就乱了套了。通常情况下，地震灾害只集中出现在震中地区。不过地震波是可以传播的，而且传播的范围很广，周边广大地区都会有震感，但一般并没有破坏性，或者说破坏性非常小。因此，周边有震感的郡国往往是人家落水，他只是湿了衣服而已，并无大事。他们这种虚张声势大报灾情的做法，只是想"浑水摸鱼"。

地震灾害对于皇帝来说是大事，关系到整个国家的兴亡，但是对于郡国们来说正好相反。他们逢年过节要向皇帝交税、送礼，唯有受灾时才会受到眷顾。因此，受灾的郡国都愿意小跑着到皇帝那里汇报灾害、领赈灾费。他们的邻居——周边感受到地震波的郡国也如法炮制，大家都想借着地震小发一笔横财。

听闻灾情，当时的安帝为了安抚人心，下诏："赐死者钱，人二千，除今年田租……勿收口赋。"下面的人如何遵旨执行"勿收今年田租口赋"？这可是一个难办的事情，统计、发放都费时费力。更何况这次地震的前一年和后一年，多个地区发生了6级强震，并且余震不断。也就是说，前几次的赈灾费还没发放到位呢，后面的地震灾害报告已经堆积如山了。

1.4 为消异震测为先，观天察地探根源

安帝是这样做的，他的继任者——顺帝刘保也如法炮制。128年，又闹起了大地震。14岁的顺帝下诏："赐死者钱，人二千，勿收今年田租口赋。"并说："京都地动，汉阳尤甚，加以比年饥馑，夙夜恻怆。群公卿士，其深思古典，有以消灾复异，救此下民，忠信嘉谋，靡有所讳。"翻译过来，就是说："这么大的地震都看见了吧？群公卿士，你们学识渊博，都出出主意，说说对策，有没有去除灾难、将异常恢复正常的办法。你们都是忠诚守信的好谋士，可不能藏着掖着啊！"这是皇帝感觉皇权受到威胁了，恳切地向京师洛阳的高级学者们征询意见，当时他们集中在明堂、辟雍、太学和灵台处。

这时，有人上书谏言："前年京师地震土裂……阴阳未和，灾眚屡见……天道虽远，凶吉可见。"就是说，地震是阴阳矛盾所致，属于常见的灾害……虽然天地规律深奥，但是它们的吉凶是有办法知道的。

什么？有办法知道？说这话的口气可不小。谁敢说这样的话？

说这话的可不是一般人，正是太史令张衡（78—139）。在这之前，他认真观察了大自然的规律，研究、改进了灵台上的天文仪器，颇有作为。

知识链接

明堂——古代祭祀天地和祖先的地方，帝王在此颁布政令和接受诸侯朝见。

辟雍——尊儒学、行典礼或祭祀的场所。

太学——国家传授儒家经典的最高学府。

灵台——国家天文台。

看到这里，镱镱问潭柘："哥哥，我国古代有一个著名的科学家，叫张衡。他小时候常在晚上数星星，长大后成为了天文学家。就是他吗？"

"这个……等我们把资料看完了再说吧！"潭柘正被所读的故事吸引，急于将整篇文章看完。

张衡是天文方面的"天才"，灵台归他管辖。灵台是什么？灵台作为国家天文台，是国家最高权力的象征，建灵台自夏、商、周时期就有。东汉的灵台是在开国皇帝刘秀高度重视之下隆重建造的，一个国家只有这么一个灵台，独此一份，别无二家。

知识链接

古观象台

由于农业生产的需要，古天文学最早发展起来。通过观测太阳、月球和星星的运动，以及测量日影的长短变化规律等方法，确定一年以及春分、夏至、秋分和冬至的日期，制订历法和节气。

针对天文观测需要开阔的视野这一要求，古代中国、朝鲜、墨西哥、印度等文明古国建造观象台时，都建立了高耸的基座，四周配备观测日光投影或天文星座的标志物。在这个领域，各国都涌现出了不少天文学家和数学家，为人类文明做出了贡献。当然，在古观象台发展的漫长历史中，也留下了不少千古之谜。

中国登封古观象台

朝鲜庆州古观象台

墨西哥玛雅古观象台

印度古观象台

天文仪器为什么放在灵台上呢？先看看在灵台这个地方都能做些什么就好理解了。一方面，皇帝要定期率领文武百官到这里举行祭祀天地的仪式；另一方面，圭表、浑象、浑仪等各种观象仪器都安装在这里。在这里工作的公务员专人专职，每日细致地观察、记录，研究星星、太阳、风向、节气、时间……这些内容统称为"观象"。我们现在把观测天文、气象、地震的地方统称为观象台，就是这样来的。

为什么叫"台"呢？古人观象可不是随随便便就可以进行的。一是为了在举行祭天礼仪时，天子可以离"天"更近；二是为了观测需要，在登高望远中可以远离周围建筑和人间的干扰。除了中国，古代埃及、印度、墨西哥等文明古国都有这种结构的观象台。

要垒多高多大才合适呢？东汉的灵台是一个用土堆出来的中规中矩、高高的大平台。占地约44 000平方米，保守估计底层每边长约70米，总高约15米——大约四五层楼那么高。

好，我们回过头接着讲张衡。东汉灵台负责人张衡的天文知识了得，加上

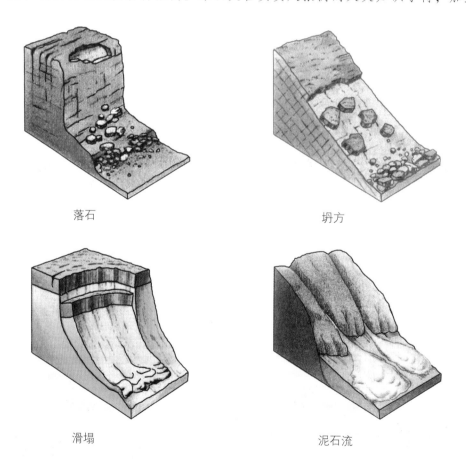

落石

坍方

滑塌

泥石流

山体塌落有多种情况，古代统称为山崩或地裂。它们引起的地面震动都是垂直方向的上下颤动

善于动手制作，曾完善、改进了地形图；对西汉耿寿昌创制的浑天仪进行加工再创作，制成漏水转浑天仪；编撰了《漏水转浑天仪注》《灵宪》《灵宪图》《算罔论》《日食上表》等大量天文学著作。他任此职前后共计14年之久，许多重大的科学研究工作都是在这一阶段完成的。

通过两年的潜心研究，130年，张衡向皇帝上书《上陈事疏》，正式向地震宣战："天道虽远，凶吉可见。"并惊人地说出："裂者，威分；震者，民扰也。"不可否认，张衡的思想依然受困于那个时代。他这句话的实际意思是："地（土）裂，预示皇威削弱、大臣异心；地震，预兆百姓将骚动、四处逃难。"

由这句话可以看出张衡已经发现了地震的运动特点，将地面的震动准确地区分为"地裂"和"地震"两类。

"地裂"指山崩、地坼、地陷等现象。张衡当时在洛阳已经居住多年，洛阳北郊的邙山不时出现山体垮塌、巨石落下等情况，城南洛河沿岸也时常发生塌陷现象。这些"山崩地裂"的自然现象发生时，人们会感觉到大地的

岩体崩塌，古代称为地坼。它并不是地震引起的，但会造成地面的上下震动

上下颠动、颤动，但破坏程度有限。

地震呢？远的不说，在张衡当初任公车司马令的9年之中，京师已经重复出现过多次。小地震造成大量的吊灯、悬钟、挂坠等悬挂物不停地摇晃，大地震被人们看作国家大事载入史册，留下了如"地动山摇""地摇京师""屋宇摇荡""墙壁摇撼"等文字。可见，只有大地震对人类的生存直接造成了威胁。

兄妹俩注意到，在资料上的这个地方，冯锐爷爷用显眼的红色笔做出标记："地震的主要破坏力发生在水平方向，而不是在垂直方向。"

地震使铁轨水平扭曲变形，但不会造成垂直方向的波浪起伏

地震的强烈水平运动使围栏在水平方向上变形

19

1.5 地震地裂差异大，巧用吊灯来区分

兄妹俩看了这么多资料，对地震知识了解得更加深入了。他们更觉得那天参加中国科技馆举办的"如何判断地震"的科普活动收获很大。

让我们一起将时间回溯到兄妹俩与冯锐爷爷初次见面的那一天。

在中国科技馆新馆"华夏之光"展馆中，陈设着外形大致相似、细微之处差别非常大的两台地动仪模型。

"这就是我们以前在学校里学过的张衡发明的地动仪模型。"潭柘指着面前威武雄壮的地动仪模型，对镱镱说道："但这两台地动仪有什么区别呢？"

"地动仪？大地一动，它就工作的仪器吗？在那个没有电的时代，它怎么测地震呢？"镱镱充满了好奇。

"在这两个地动仪的内部，一个是将都柱悬挂起来，另一个是将都柱竖直放置，原理不同，灵敏度不同。实验表明，悬挂的都柱更灵敏，并且只报告地震，因此这台新地动仪更准确、更科学，现在已经被国际科学界普遍接受了。"洪亮的声音来自附近一位戴着麦克风的老爷爷。他的身边正围着一群为参加科普活动而提前到达的同学们。

兄妹俩赶紧移动脚步，来到演示台前。演示台上放置着台签，上面赫然标注着这位科学家爷爷的姓名——冯锐。很明显，冯爷爷已经提前为同学们答疑解惑了。

冯爷爷笑眯眯地向大家介绍说："虽然都是发生在地表面的异常现象，但是细心的张衡已经能将地裂与地震区别对待了。这个区别正是他发明地动仪迈出的第一步，是非常基础的一步。学习张衡，就是要学习他敏锐观察客观事物的能力，在扎实的基础上汲取营养。拿地动仪来说，迈出这一步不可或缺啊。大家必须把这个区别想透彻，才能理解他的发明。"

围过来的学生越来越多了。冯爷爷不紧不慢地接着讲："发现问题不易，解决问题更难。张衡要面临两道难关。第一道难关是用什么东西来观测，才能更好地辨别出地震呢？"说罢，冯爷爷和他的助手一起将鸡蛋、铅笔、酒瓶、灯笼、一盆水五种物品摆到桌面上。

冯爷爷向同学们看了看，话锋一转，问大家："你们一起动脑筋想一想，在这几样物品中，哪些适合观测地震？"

实验示意图。悬挂物和水面两类物品会表现出"只有地震我才动，不是地震我不动"的特点

　　镱镱心想："观测地震？在地震发生时有出色表现的物体居然就在它们当中？这些可都是生活中触手可及的常见物品！不用实验室里的精密仪器就可以观测到地震？究竟该是哪些呢？"

　　"我们在学校做实验时用的是笔，还有木棍，但是最后都失败了。因为不管是不是地震，它们都会倒下。"潭柘勇敢地第一个回答。

　　"用鸡蛋！"旁边一个女学生举手抢着回答，"桌子一晃，摞起来的生鸡蛋很容易轱辘到地上，碎一地。"

　　"是酒瓶吗？"另一个男生接着问道，"汶川地震后，有同学在走廊里滚动铅球，结果一个酒瓶被震倒了，使大家虚惊一场。"

　　"盆里有没有鱼？我知道鱼在水里倒立是地震前的异常现象。"镱镱也凭借印象将自己了解的知识说了出来。

　　就在大家七嘴八舌地试探着回答问题的时候，冯爷爷不紧不慢地强调道："大家注意，振动台横向运动模仿的是地震运动。让我们一起来观察发生的现象。"

　　实验物品非常难摆放，光是把鸡蛋在振动台上摞起来，把酒瓶和铅笔竖起来，冯爷爷和他的助手就花了很长时间。在振动台模仿地震的水平晃动中，振动台上的物品无一例外地倒的倒、歪的歪，盆里的水也溢了出来，洒得振动台上到处都是。大家一时有些搞不懂这些物品"出色"在哪里了。

　　冯爷爷抬头看了看周围的同学，说："不要着急，实验才进行到一半。下面请同学们观察振动台的纵向运动，也就是模仿山体塌落一类的非地震运动。我们

一起来看看，振动台上的这些物品在相同摆放的情况下，会不会有不同的表现。"

实验物品摆放好后，随着振动台的上下颠颤，灯笼和水盆里的水纹丝不动，其他几样物品却利落地再次倒了下来。

潭柘立即开动脑筋，专注地整理着思路："地震中它们都非常活跃，每种物品都没有独特的表现，这该怎么测地震呢？似乎报告山体塌落更容易一些。"

在短暂的沉默后，冯爷爷继续引导着大家，说："观测地震，我们需要它平时不动！"

潭柘似有所悟地说："您是说，不是地震它就不动吧！"

镱镱笑了起来，顺着哥哥的话说："也就是说，只有地震它才动……"

潭柘恍然大悟，用手指着灯笼喊道："吊起来的灯笼！"

"是水！"镱镱也高高地举起手，兴奋地大声回答。

潭柘和镱镱的积极回答引起了冯爷爷的注意。冯爷爷面露微笑地看了看他们，并不急于公布答案，而是接着说："因为地震威力强大，连房屋都有可能被震倒，所以我们需要反过来思考，找到一个对其他震动没有反应，再强烈的干扰也无法撼动它，唯独地震才能激发它动起来的物品。因此，这种物品的垂直向抗干扰能力必须非常强，才能够在差异反应中准确地区分地震与非地震。"

说到这里，冯爷爷再次在振动台上操作起灯笼和盛着水的盆，并总结道："摆起来的鸡蛋和倒立的酒瓶尽管灵敏度非常高，但是属于乱报警——不管地面有什么样的动静，它们都会立即倒下来，并且倒向没有规律可循。而灯笼和水则不同，它们在地面垂直运动中稳如泰山，在水平运动中却极其敏感。正所谓'只有地震我才动，不是地震我不动'。因此，正确答案是灯笼和水。"

听到这个活泼的比喻，兄妹俩也跟着小声重复着："只有地震我才动，不是地震我不动。"

冯爷爷忽然反问道："那么，在生活中，我们该怎样判断来自地面的震动是不是地震呢？是该赶紧去挂个灯笼，还是立即去接盆水呢？"

"地震的时候地面动静特别大，现买灯笼来得及吗？"潭柘的这句话虽然是笑谈，却是一石激起千层浪，同学们三言两语地讨论起来。

"抬头找吊灯！"镱镱抬头看哥哥的时候，忽然看到了科技馆的房顶，立即想到了吊灯。这一句话启发了在场的人。一位同学接着说："对！还有教室门口挂着的班级牌子。"还有的人想到了车里的挂饰、家里挂着的风铃……

"不管有多大的地震，吊灯都会晃动吗？"镱镱再次举手向冯爷爷提问。

"地震没地震，抬头看吊灯。如果吊灯都没动，说明地震非常小，或者离我们很远，也说明我们是在安全的地方。这叫作'吊灯不晃，心中不慌'。如果吊灯晃动了，肯定发生地震了，一定要及早跑到安全的地方。这也是世界各国通用的办法。人类历史上，只发现了悬挂物和液面这两类物品可以有效地鉴别地震，因此将它们称为天然验震器。"

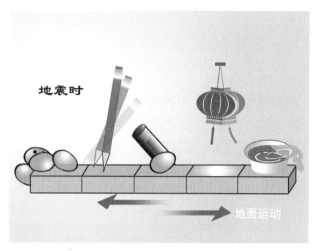

冯爷爷嘴里说着，手里继续抓紧忙乎着，将其他物品轮流放到振动台上，反复做实验演示给大家看。

"如何判断地震"的科普活动中，兄妹俩的出色表现也给冯爷爷留下了深刻印象。兄妹俩主动向冯爷爷要了联系方式，希望今后有问题时能继续向冯爷爷请教。

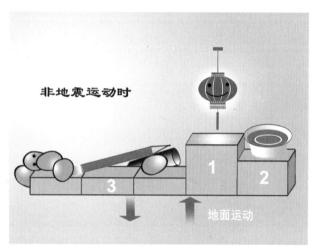

在回家的路上，镱镱反复念叨着："只有地震我才动，不是地震我不动。"她这么兴奋是因为冯爷爷很痛快地答应要为她专门挑选一些适合她阅读的有关地震的资料。

潭柘则陷入了沉思。他想起了清朝国学大师李澄宇说过，研制地动仪的困难在于"盖非难其动，难其应地（震）而动，且远地动亦可应之也"。意思是说，张衡研制地动仪会面临两道难关，今天的科技馆之行只是揭开了其中的一个，第二个也许是更大的难关，还在后面。

潭柘想到了水波，一个石子投到水里，水波就慢慢散开了。地震和山体塌落都造成了地面的震动，为什么地震是左右摇晃，而非地震是上下颠簸？同样是波的传播，为什么会有这么大的区别呢？……潭柘越想越复杂，也期待着早些到家，看看冯爷爷会发给他哪些有关地震的基本知识，从基础起步，进一步了解有关地震的知识。

同学们在中国科技馆参观被国际科学界普遍接受的 2008 年版复原地动仪模型

② 古今中外奇思妙想释地震

话说这天镱镱坐在电脑前，心想："冯爷爷会再给我发来一些资料吗？"

"哈哈！有新邮件！"刚打开电子邮箱，镱镱就看到一封来自冯爷爷的邮件。她熟练地下载后，就目不转睛地看了起来，越看越有兴趣。

这次冯爷爷发给镱镱的邮件主要是一些中外古老的传说故事。中国不愧是历史悠久的文明古国，远古时期的故事历经口耳相传，成为脍炙人口的神话传说。冯爷爷从他的专业出发，竟然神奇地从中挖掘出许多被人们忽视的地震事件。外国呢？因为生活环境的差异，所以国外古人的看法与我们大相径庭。但是，对地震的看法都充满了"猎奇"。这些资料还真值得一读。

2.1 我国古老神话竟与地震有关

（1）天似穹庐盖四野，陇西一带地震多

第一个神话故事片段记载在战国时代（楚）的帛书中。帛是一种白色的丝织物，价格远比竹简昂贵，只有当时富裕的达官贵人才用得起。帛书是书写在帛上的文字。我国迄今发现的最古老、最完整的天文古书就记载在帛上。

帛书里面说，混沌（中国民间传说中指盘古开天辟地之前天地合一的状态）初开时，世界是"天圆地方"的结构，也就是穹隆的天盖被四方天柱支撑着立在九州大地上。伏羲和女娲分别掌管着"规"和"矩"，规可成圆，矩可划方，因此世界的运转方式以"规矩"为标准。伏羲管理着太阳，女娲主要负责月亮，他们生的四个儿子分别掌管着四季。

"什么叫穹隆呢？"镱镱赶紧到网上搜索。嗨！原来她对"穹隆"是这么熟悉。"……天似穹庐，笼盖四野。天苍苍，野茫茫，风吹草低见牛羊……"对，小时候背诵的《敕勒歌》这首古诗中的"穹庐"与这篇文章中的"穹隆"指的是一回事，都是说天空就像中央隆起、四周下垂、用毡子做成的圆顶大帐篷。

这个神话传说告诉我们，天像个盖子被四方天柱支撑着立在九州大地上！镱镱琢磨着："柱子结实吗？怪不得杞人会忧天啊！古人的想象力可真够丰富！"

东汉画像石刻的伏羲和女娲，手中分别掌管着"规"和"矩"

伏羲是中华民族的人文始祖。据《史记》记载，伏羲出生在陇西成纪，位于今天的甘肃省天水北，这里地震频发。在我国的古籍中，以现在的天水为中心，东及陇山，南抵岷山，西达兰州，北到贺兰山，这片广袤地域发生的地震通常被笼统地称为"陇西地震"，即陇山以西的地震。比如，夏商时期的一千多年内，存留到现在的地震记载有5次，其中竟有4次是发生在这一地区。西周至西汉的一千多年里，共记载了55次地震事件，半数以上都发生在这里。

大家可能会觉得奇怪，为什么对伏羲的家乡——陇西一带的地震记载特别多呢？这需要从中国的人文地理特点说起。中国地震的绝大部分发生在西南部——青藏高原及其边缘地带，次数多，震级大。而中国的远古文化源于黄河流域的中原地区，陇西刚好夹在这两大区域之间。因此，这一地区发生的地震就被一代代人用口耳相传或者文字记载等形式记录下来。张衡地动仪的观测，甚至中国现代地震学的起步，都与这一地区的地震活动紧密相关。

（2）共工发怒触不周，天柱折断水东游

第二个神话故事片段记载在西汉《淮南子·天文训》中："昔者共工与颛顼争为帝，怒而触不周之山，天柱折，地维绝。"

想当初，炎帝不畏千重困难，头戴斗笠，身着蓑衣，手拿农具，赤裸双脚，白天驾驭日神凤鸟，夜里伴着月神蟾蜍和玉兔，经过辛勤劳动，有了神牛和五谷丰登，华夏子孙也从此有了自己的家园。

后来，黄河经常泛滥成灾殃及百姓。住在上游的共工积极行动，发动群众加固西岸河堤。住在下游的颛顼为了阻止共工，与他展开了旷日持久的激战，并四处造谣，声称共工治水会"触怒上天"。愤怒的共工坚信自己的做法是正确的，便来到不周山奋力将山撞倒，告诉大家："看，这样都没有触怒上天。"他为什么选择不周山呢？相传，不周山是天柱中的其中一根。不周山被撞倒了，天的一个角失去了天柱的支撑，歪了下来，从此天上的日、月、星辰每天从东边升起、西边降落；大地的一个角系着的绳子也被崩断，造成了倾斜，大江大河顺势向东流入大海。共工成为传说中我国最早的治水英雄。

传说中最早的治水英雄是谁呢？

炎帝神农氏图（汉画像石）

在这段资料的后面，冯爷爷加了注解："这么剧烈的地动山摇、天柱垮塌，除却地震，还能有什么呢？"

不周山在哪里？说法不一。有的说是昆仑山，但是这个昆仑山是远古时代对天边神山的统称，并非今日的昆仑山。有的说是祁连山尾的贺兰山，似乎这个颇为合理。古书讲，共工撞毁了天柱，惹怒女娲，被逐回祁连，并于公元前7687年或公元前7690年卒于祁连山。传说现在的六盘山西侧的一座不周山即为残存山体，位于伏羲故里北侧仅几十千米处。

这一地区的地震也属于"陇西地震"的范围。1920年，海原发生8.5级特大地震，这是我国迄今唯一的震中烈度定为Ⅻ度的地震！地表断裂带全长220千米，水平断距最大达17米，垂直断裂如同脱缰的野马般横冲直撞，错断山脉，错开田埂，穿过河流，越过峡谷……天柱垮塌也不过如此。大地震后造成的遗址景观至今可见。

对于共工撞山的神话，科学家无意去杜撰和演绎，而是从中挖掘科学线索。近些年来，对六盘山至贺兰山地区开展的地层开挖、物理和化学探测，竟然发现了1.2万年以来的几个古人类活动的文化层，还有古人类遭遇过古地震事件的遗迹。据此，初步判断这一地区曾经有过6次8级左右的古地震事件，并根据这些资料推断出了这一地区地震复发的周期和活动规律。

（3）天柱断裂地大震，女娲炼石以补天

第三个神话故事片段记载在西汉《淮南子·览冥训》中："往古之时，四极废，九州裂，天不兼覆，地不周载……于是，女娲炼五色石以补苍天，断鳌足以立四极……苍天补，四极正……狡虫死，颛民生……"

这些文字是讲，上古的时候，四方天柱出现断裂，天不能把大地全都覆盖，地

不能把万物完全承载……于是女娲冶炼五色彩石修补天的漏洞，砍断鳌的四肢撑起四方的擎天柱……苍天被补上了，四方柱子被重新竖立了起来……凶猛的野兽死了，善良的百姓生存了下来……

在这里，有冯爷爷特别注解的两行小字："据专家考证，这可能就是中华民族诞生之际第一次记录的真正地震，也是'天塌地陷'最早的由来。不过'天'是不会真坍塌的，只有地震才会导致洞塌人亡。因此，'炼石补天'的说法可能是对'拣石补山洞'行为的神话性发挥。"

女娲是伏羲的妹妹，又是伏羲的妻子。她补天的地方在哪里呢？据古书讲，女娲补天的地方位于陕西南侧的秦岭，属于青藏高原东侧的一个强地震活动带。1556年发生过8级特大地震，地震中心在华县。史载："忽见西南天裂，闪闪有光，忽又合之，而地皆在陷裂，裂之大者，水出火出，怪不可状。陵谷变迁，平地突起山阜，涌者成泉，裂者成洞。"出现了黄土滑坡、窑洞崩塌、地裂缝、地陷、地隆、喷水、冒沙遍地而出、湖水上涨、河水逆流……5年后余震方止，仅有姓名可查的死亡人数就达83万，是迄今世界上已知死亡人数最多的地震！天塌地陷的情景如此骇人听闻，远远超出了通常宣传的"女娲补天"的浪漫想象。

女娲补天的传说时刻提醒后人，对秦岭一带的地震监测丝毫不能放松。

古书《山海经》里的曦和与她的10个太阳儿子
（清·汪绂图本）

常曦与她的12个月亮女儿，她们每月轮流上岗
（清·汪绂图本）

（4）蟾蜍源自嫦娥变，烛龙原形为盘古

夏商时代的古人崇拜日、月、地三位神仙——曦和、常曦和烛龙。传说曦和生了 10 个太阳儿子，常曦生了 12 个月亮女儿。张衡在《灵宪》中详细写道："日者，阳精之宗，积而成鸟，像乌而有三趾。月者，阴精之宗，积而成兽，像兔蛤焉……"这就是古人在各种重要器皿上装饰三腿金乌和三足蟾蜍的原因，它们分别象征着太阳和月亮。

屈原（公元前 340—公元前 278）在《楚辞·天问》中说："夜光何德，死则又育？厥利惟何，而顾菟在腹？"闻一多（1899—1946）在《天问释天》中对这一说法进行了解释："顾菟即蟾蜍，东汉的张衡在《灵宪》中也说：'嫦娥遂托身于月，是为蟾蜍'。"因为月宫中有蟾，所以人们俗称月宫为"蟾宫"。这就是说，代表月、代表阴、代表地的蟾蜍竟然与美貌的嫦娥是一回事。

汉代画像石的太阳里边有三足鸟，即凤鸟。《汉书》记有"日中有三足乌"

古代石刻上的月神蟾蜍和北斗七星图样

汉代画像石中的嫦娥奔月和月亮中的蟾蜍，星星伴随着飞逸的鲜花和彩云

咦？怎么故事讲来讲去都与地震无关？难道跑题了？别急，这是远古时期人们崇拜的三位神中的前两位，下面隆重介绍第三位神。他与地震的联系非常紧密。

第三位神就是劈开天地创造世界的盘古原型——烛龙，亦称"潜龙"，是隆冬时节潜伏在北极（又称钟山）地下的东宫苍龙。古人把地震和雷电看成是有联系的霹雳，天上的霹雳称为天震，地下的霹雳称为地震，认为这些都是神龙的暴怒。

烛龙身长千里，潜伏地下，睁眼为白天，闭眼为夜晚。龙嘴里衔着火把（即火烛、火球）照亮地宫，洞悉地下

烛龙是创世神，衔火炬洞悉地下九泉，暴怒引起地震（引自清《天问图》）

九泉，因此又称为"烛九阴神"。它不吃不喝、不睡不喘气，保持大地的安宁平静，一旦气息通达，立即变化为劲风，使得大地震动摇晃。

对这个故事的注解是这样说的。中国远古对龙的崇拜，实际上是对天和地的崇拜，在古人有限的认知能力下，认为地震是由能够钻进地里的巨蛇引起的，巨蛇就是龙。

秦汉以后，人们对自然现象的认识逐渐脱离神话，勤于观天察地，对地震的记录也持续进行，积累了丰富资料。发现了日、月和地震之间的某种联系，即在农历初一、十五前后会出现地震活动偏多的特点。有关记载如"五星错行，夜中星陨如雨，地震""日有食之，地震未央宫""日食地震""朔，日有食之；夜，地震"，等等。当代科学家们认同这一结论，并注意到这种现象不仅在中国，而且在全球地震活动中也有相同表现。

"好神奇啊，我国古代传说中有这么多与地震有关的精彩内容！"镱镱更感兴趣了。

 ## 2.2 世界各地地震神话源于生活

在世界众多国家中，与地震有关的神话传说五花八门，故事的灵感多源于各地人们独特的生活方式。

古希腊。 古希腊人生活在众多的岛屿与半岛上。公元前6世纪，古希腊人相信大地漂浮在大海上，大海的骚动引发了地震。后来，人们又认为是地下空洞里的气流运动造成了地震。

俄罗斯、西伯利亚、勘察加地区。 生活在冰天雪地的北极一带的人们，捕猎、运输都离不开雪橇狗。他们认为，天神驾驭的雪橇车上驮着地球，由当地古老品种的雪橇狗们拉着。每当狗狗们停下来，四处张望，抖抖毛的时候，地震就发生了。

蒙古、中国北部。蒙古和我国北部游牧民族的人们都生活在广阔的大草原上。草原不仅一望无际，还遍布着高低起伏的丘陵。那丘陵是不是特别像蟾蜍后背的一个个疙瘩？因此，当地人们认为一个硕大无比的蟾蜍用它的背驮着地球，每当蟾蜍周期性地抽搐扭动时，便导致了地震。

日本。日本是四面环海的岛国，土地稀少，人们以捕鱼为生，因此认为地震是鲶鱼翻身引起的，要用镇石压住它来防震。这个古老传说并非空穴来风，引导了不少日本青年人细心地观察到鱼类在地震前存在大量的异常行为。科学家还据此开展了仿生学的实验、电磁信号的研究等，颇有收获。

墨西哥、印第安人和美国西南地区。在南、北美洲接壤地区，人们讲出来的故事轻松幽默，甚至有些类似于无厘头的闹剧。

一说地震是天神的恶作剧。天神在地里制造了一个巨大无比的裂缝，一旦他和助手们想给地球上的人们捣捣乱，就绕着这个裂缝走来走去，瞎折腾。

一说地震是驮着地球的乌龟们脑子不好使，好心办坏事造成的。很久以前，地球上一片汪洋大海，天神决定搞一块美丽的陆地，由一群乌龟驮在背上。一天，乌龟们吵闹着打起架来，三个向东游，四个向西游，这样使得地球震动起来，一声巨响后破裂了。幸好乌龟也游不远，因为它们背上的陆地太沉重了。当它们意识到不可能游得很远时，便停止争吵，又回来好好地驮着陆地。而当矛盾又骤起，彼此愤怒时，闹剧就开始重演，每折腾一次大地就晃动一次。这种折腾是有周期性的，从一百多年到三百多年不等，成为人们推断地震的一个依据，更被占星术所重视。

印度。生活在热带地区的印度人依赖大象做很多事，如打仗、摘香蕉、搬运木材。人们认为，有八个体魄魁梧的大象在驮着地球。当其中的一头大象疲乏困倦了，它就低下头晃一晃，身子也扭一扭，这就造成了地震。

另外，印度北部的人们认为整个族裔的总命根在地球的里边，总是摇晃地

球来检查位于地表的人们是否还活着。因此，在
地震晃动的时候，人们一定要大喊："我还活着！
这儿有人！"这样才能让总命根知道地表的人们还
活着。

我在这儿！

秘鲁。这里的人们认为，天神很关心地球，时常来到
地球上看一看还有没有人。这个时候，他无限巨大的迈
步都会造成地震。为了让他缩短巡视时间尽早返回天宫，
在地震的时候，人们一定要立刻跑出屋子，并且大喊：
"我在这儿！我在这儿！"

印度和秘鲁，一个位于东半球，一个位于西半球，
但是人们却不谋而合地想到了一起，就是地震的时候一定
要大喊："我还活着！这儿有人！"冯爷爷对这个故事特别做
了标注："希望小朋友们记住这个故事，如果真的碰上了地震，大家应该及时喊
出自己的位置，以便于应急救援人员尽快判断方位，缩短搜寻时间，及时进行救
助。"

2.3 古代学者试解地震成因

古代学者们对地震的成因有很多见解。

庄子（约公元前369—公元前286）讲："海水三岁一周流，波相薄则地震。"
相薄，是相近、相遇甚至相撞的意思，说海水三年流动回转一周，海浪相遇引发
地震。这种"大地浮于水上"的古宇宙观，源自古人掘井时发现地下深处有泉水
涌冒出来。我们在一些古代绘画、纹饰和雕塑中可以看到，中国的古代地球模型
有天穹、大地、海水三层结构。海水的最深处称为"九泉"，"九"表示极其深。

不过庄子的"海波相薄为震"的观点并没有被后人继续发展，社会影响有限。

西周末年的思想家伯阳父对地震的认知做出了重要贡献。他提出："夫天地之气，不失其序；若过其序，民乱之也。阳伏而不能出，阴迫而不能蒸，于是有地震。今三川皆震，是阳失其所而镇阴也。阳失而在阴，川源必塞。源塞，国必亡。"伯阳父没有采用具体的物质，而是把"天地之气"抽象成阴、阳二元素，从矛盾双方的相互斗争来认识地震。这一提法在哲学上具有划时代的意义和深远影响。

东汉思想家王充提出了新的哲学观点："地固将自动。"他认为地震是大地的自然运动。

"这是中国古人对地震的解释。那么外国人有什么样的解释呢？"镱镱的知识越学越丰富，新的问题也越来越多。

镱镱注意到，冯爷爷在这些资料的后面进行了如下注解："与秦汉（公元前221—公元220）同期的欧洲，正值古希腊—古罗马文化的鼎盛时期，人们对地震的认识也处于原始阶段。当时的人们（主要是地中海地区）看到火山喷发时地面在颤动，便把火山和地震联系在一起，推断地球内部肯定非常炙热，地下热量的活动即视为地震的原因。哲学家卢克莱修（公元前98—公元前55）则认为地震是由山体坍塌引起的。"

那么外国人对地震是怎样解释的呢？

"由于缺乏实验和观测手段，几千年间人类对地震的探索一直处于客观记载和猜想阶段，没有取得实质性的进展。直到19世纪欧洲工业革命后，才脱离空想阶段，诞生了现代地震学。不过，地震毕竟属于小概率事件，并且难以在实验室中模拟。因此，地震学的发展远远落后于数学和物理学等经典学科，直到20世纪才形成了成熟的理论体系和完整的板块学说。今天，人们对地震和非地震机理的认识已经更加清楚和深刻。"

2.4 现代科学解释地震和地震波

　　就在镱镱认真地阅读冯爷爷发来的资料时，潭柘也收到了冯爷爷发给他的电子邮件。因为潭柘是高中生了，所以冯爷爷发给他的资料中知识难度也相对大一些。这些资料更加深入地讲解了地震和地裂的区别，从地震和非地震的一般性规律出发，分析了它们的成因和波动特点。

　　潭柘也非常愿意将这个知识难点"啃"下来，因为冯爷爷的一句话给他留下了深刻印象："地震是一种稍纵即逝的现象，人们的感性认识是非常肤浅又极其不完备的。只有借助地震仪器和科学实验，把感性认识上升到理性高度，才能准确地把握事物本质，更好地理解感性认识。"

　　当潭柘读完了这些资料时，镱镱也刚好看完"嫦娥变成蟾蜍"的故事。兄妹俩按照冯爷爷的嘱咐，用"看图识字"的方式讨论起地震的基本知识来。

　　地壳是由几个大的板块和若干小板块镶嵌在一起的。板块下面为流体，它们就像冰块漂浮在水上一样，各有不同的运动，于是在它们的边界就发生了差异运动——地震。板块内部也会被断层分割成小的块体，差异运动同样会发生。什么是差异运动？就是断层两侧的岩体一个向左运动，一个向右运动，二者间的剪切错动和破裂就是地震，所释放的能量以波动方式散播开。全球强地震的分布与地壳的板块边界有着密切的关系。

　　除了地震，还有一些震源也能引起地面震动，如地裂、人员活动、车马行走、滚石滑坡、气象变化、河水流动、溶洞垮塌、煤矿陷落、地下爆炸等。这些震源不是剪切错位，而是简单冲击力。最典型的是爆炸，它们造成的波动过程与地震波极为不同。

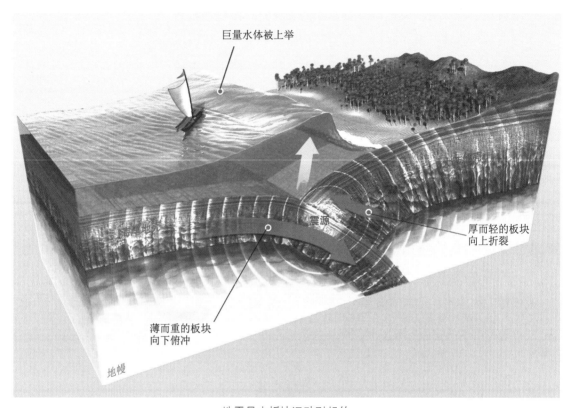

巨量水体被上举

震源

厚而轻的板块
向上折裂

薄而重的板块
向下俯冲

地幔

地震是由板块运动引起的

噢，地震是这样
发生的啊！

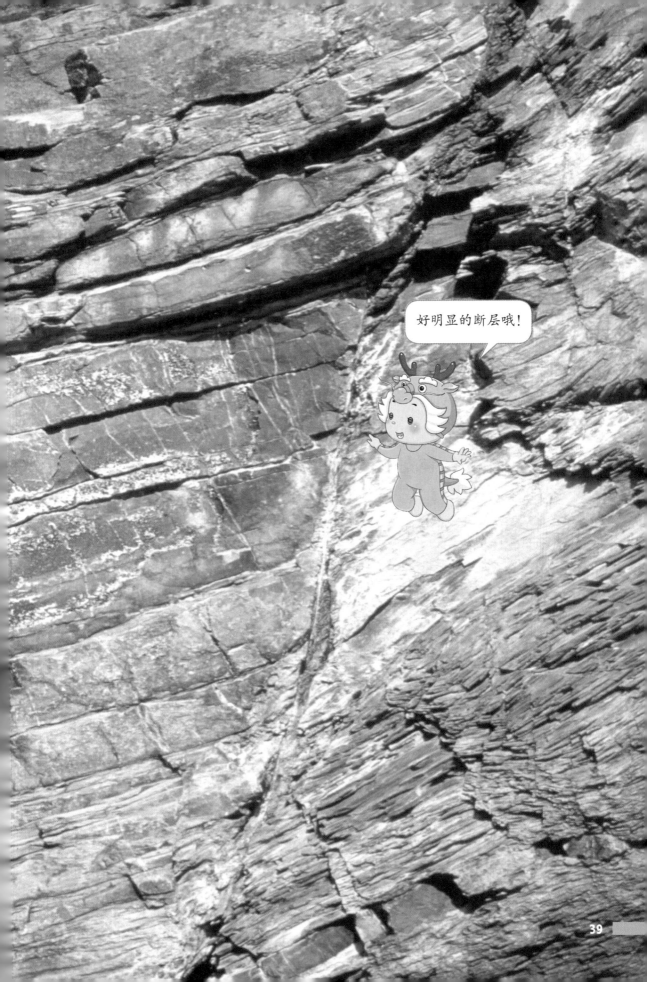

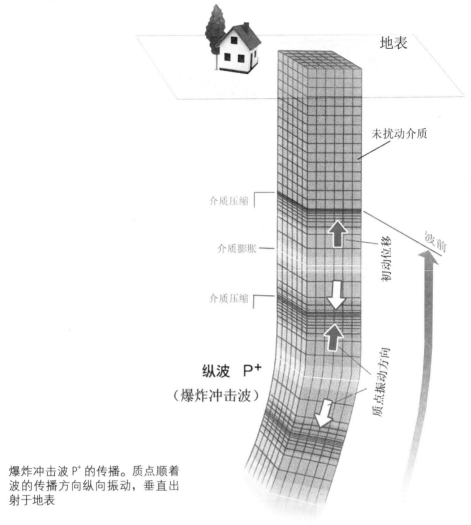

地表

未扰动介质

介质压缩

介质膨胀

介质压缩

波前

初动位移

质点振动方向

纵波 P⁺
（爆炸冲击波）

爆炸冲击波 P⁺ 的传播。质点顺着
波的传播方向纵向振动，垂直出
射于地表

　　非地震的震源都是球状膨胀力源，只能在地下产生均匀而单一的压缩型纵波（记
成 P⁺，常与空气中的纵波统称爆炸冲击波），介质的质点顺着波的传播方向纵向振动，
故名"纵"波。随着从地面向下的深度加大，地层的密度、压力和速度值都会逐渐加大，
于是纵波的射线路径就会不断发生折射而呈弯曲状。当纵波到达地表界面时，还会
发生折射。空气是不能传播固体应力波的，相当于波速为零。这就导致了折射后的波
动射线只能沿着垂直方向出射地表（或者说，波阵面必须和地表的水平面重合）。因此，
除了震源附近外，纵波在地表的不同距离处不存在水平分量，地面只会出现上下颠动、
颤动现象。不论震源在任何方向上，仅凭纵波是判断不出震源方向的。

　　地震的震源是固体地球里唯一的剪切力源——断层两侧的岩体呈反方向位错，
激发出固体内部最为复杂的波动，主要为体波和面波两大类。体波含纵波和横波两种。

　　地震纵波除了有爆炸冲击波的压缩型纵波 P⁺，还同时产生另一种独特的膨胀

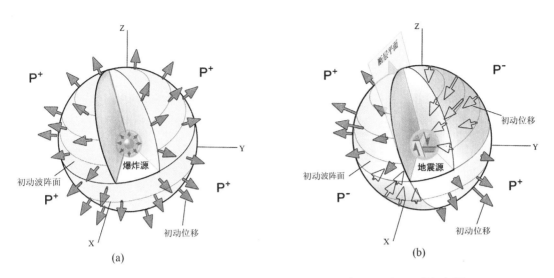

地震和非地震震源。(a) 爆炸震源是非地震的典型代表；(b) 地震是剪切力源

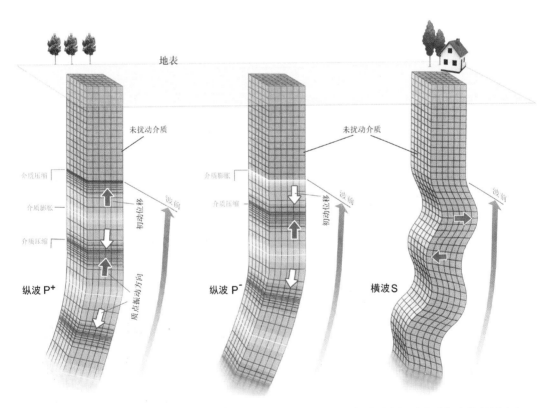

地震体波的传播。地震纵波分为压缩型的 P⁺ 和膨胀型的 P⁻，后者的质点初动位移与波的传播方向相反。地震横波 S 的振动方向与波的传播方向垂直

型纵波 P⁻。这两种纵波的初动方式同海啸十分相似，既可以为高浪头的波峰，也可以是波谷，后者表现为涌浪来前的海水退潮。地震纵波的能量小、衰减快。

地震横波记为 S，介质的质点在垂直于波的传播方向上做横向振动，故名"横"波。它比纵波的传播速度慢约一倍，但能量大（占地震波 90% 的能量），也会因为折射作用而垂直出射于地面。这就造成了地震时的强烈水平运动，引起人员和物品的剧烈摇摆和晃荡，成为地震独有的现象。横波是地震灾害的元凶祸首，抗震主要是针对横波而言的。抵御地震的水平剪切力是房屋建筑的设防目标。

面波只能沿着地球表面传播，故称"面"波。它是由纵波和横波的干涉叠加而形成，一般在远离震中距百公里以外才形成。面波分为勒夫波 L 和瑞利波 R 两种，但勒夫波很弱。瑞利波的质点运动是在射线方向上呈逆进椭圆形，周期大、衰减小、持续时间长，传播的距离非常大，速度也更慢，远离震中区的人们都能感觉到。

这些波在平面上的位移分布呈现规律性的辐射图型。

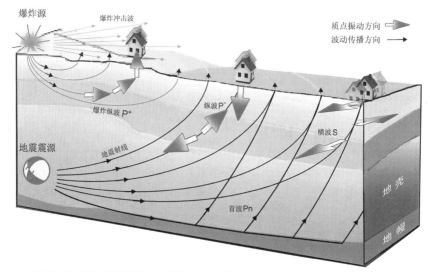

地下波动的传播路径不同于空气里的直线，而是弯曲状的，垂直出射于地表

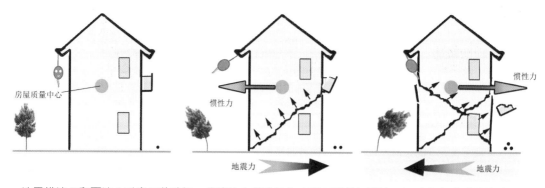

地震横波 S 和面波 R 对房屋的破坏。建筑物会普遍地先出现 X 型剪切裂缝，严重者会遭受整体破坏

能够读懂这些相对专业的资料，是需要下些功夫的。镱镱琢磨着："地震来自地下，难怪我国古人想象地震是由能够钻进地里的巨蛇引起的。地震的最大破坏力来自横波，这也难怪许多国家的古人认为地震与雪橇狗抖毛、大象扭动身子等动物行为有关。"

兄妹俩一起回想起上次在中国科技馆冯爷爷做的振动台演示实验。由于波动射线在地下是弯曲的，又垂直出射于地表；地震虽然有纵波，但衰减很快，而横波的能量最强，于是表现为水平运动；所以振动台做水平运动是模仿了地震中的横波，而振动台改为垂直运动是在模仿非地震的纵波。噢！镱镱和潭柘终于明白了其中的机理，也更加佩服古人张衡的观察能力。

兄妹俩顺着这个思路继续讨论。潭柘问："不管震源在什么方向上，纵波在地面的传播方向是垂直于地面的，那么……"潭柘故意拉长了音调。

镱镱立即自信地回答："肯定不能用它来确定地震方向！"

"对！对！"两个人越讨论越有信心。

潭柘又问："只能用横波和面波来确定地震方向，不过……"潭柘再次拉长了音调。

"横波运动是垂直震中的，"镱镱认真研究了冯爷爷绘的几幅图，"而面波是沿着震中方位在地表传播的。"

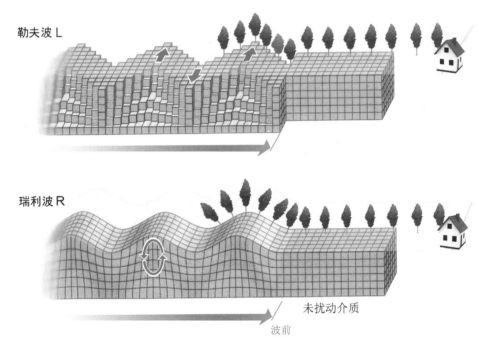

地震面波的传播。瑞利波的质点运动是在射线方向上呈逆进椭圆状，不断地在指向和背向震源方向变化

横波？纵波？真奇妙啊！

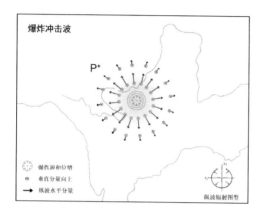

非地震震源只产生压缩型纵波 P^+，爆炸源为代表，辐射图型是圆对称

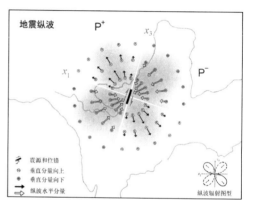

地震纵波同时存在 P^+ 和 P^- 两类，辐射图型呈玫瑰状四瓣

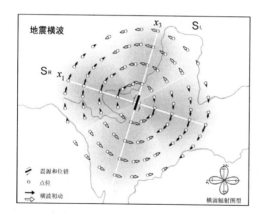

地震横波的位移全部垂直于波动传播方向，同时存在左旋和右旋的差异

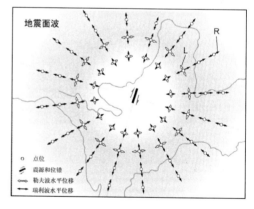

地震面波呈圆对称分布，瑞利波平行于波动传播方向

看来，兄妹俩的想法达到了一致。潭柘补充道："只不过横波是在一二百千米的震中距上传播为主，而面波要在数百千米之外才能成为主要波动。"

科技馆的实验场景依然浮现在眼前，冯爷爷说过的"地震没地震，抬头看吊灯"那句话持续在潭柘的脑海里翻腾。屋顶的吊灯在地震中摇晃显然是受到横波或面波的影响，它们都是水平方向的作用力。但是在非地震的纵波中，吊灯为什么不动呢？这是什么机理呢？

老师在课堂上说过很多次："科学没有捷径，只能一步一个脚印地学习，欲速则不达。"潭柘站起来，决定再去查找一些资料，调查清楚。

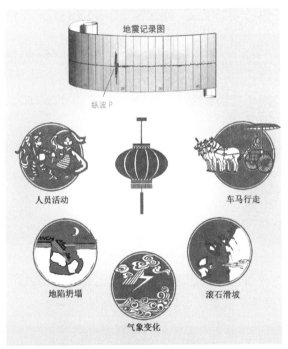

悬挂物对非地震运动不会出现反应，因为地面运动是在垂直方向

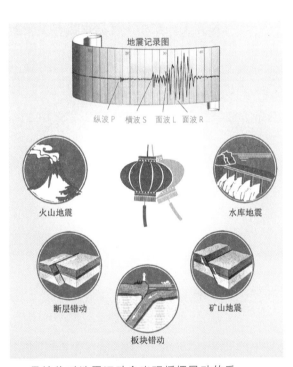

悬挂物对地震运动会出现摇摆晃动的反应，因为地面运动是以水平方向为主

3 张衡与地动仪的传奇往事

这几天，潭柘一直在查找有关张衡的资料。

镱镱看到，随着潭柘来她家里次数的增多，书桌上渐渐摆满了各种书籍、卷子以及各种打印的资料。潭柘说："真想早些知道地动仪是怎样科学测震的。"

3.1 有幸生于好时代，张衡留名耀青史

这天，镱镱挨在潭柘旁边，和哥哥挤坐在一起，一起读他正在看的资料。这也是一份有关张衡的资料。

从 25 年东汉开国皇帝刘秀平定天下，登基做了皇帝开始算起，他和之后的几位皇帝——汉明帝、汉章帝等，都胸怀治国安邦大志，恢廓大度，励精图治，勤政爱民，在几十年间使东汉的国力空前强盛。国富民强，使得经济、文化、科学技术等方面都有了充分的发展空间，当时在许多领域领先世界。单讲 89 年汉和帝登基到 132 年张衡地动仪问世期间，就涌现出许多人们耳熟能详的重要成就。

▲ 王充作《论衡》。这是一部 20 多万字的哲学著作，也是一部中国历史上不朽的无神论著作。

▲ 王符作《潜夫论》。包含 36 篇文章，广涉政治、哲学、自然科学等诸多领域。

▲ 班固作《汉纪》。这是继司马迁《史记》后的

一部鸿篇巨作。班固与司马迁并称"班马"。

▲ 班超通使西域历经31年而归，甘英于公元97年抵达波斯湾。促进了东西方文化交流。

▲ 蔡伦发明造纸术。这是中国四大发明之首。

▲ 刘珍始作《东观汉记》，又撰《释名》30篇，为《后汉书》的主要依据。

▲ 许慎作《说文解字》。内有9 353个汉字，为中国第一部字典，规范了汉语文字体系。

▲ 前期的《九章算术》，经过几代人及马续等努力，在汉和帝时成书，奠定了中国古代数学体系。

▲ 霍融改进漏刻，贾逵创制太史黄道铜仪并且测定黄道宿度；张衡作地形图、漏水转浑天仪，撰写《灵宪》，恒星的记载数量达2 500颗，与现代的目测数值接近。

张衡

这个充满正能量的学术大环境对张衡的科学思想和科学活动产生了有益影响。张衡受惠于时代，亦光辉了历史，成为那个时代杰出的代表人物，也成为最具世界影响力的中国科学家。

再来看看张衡的简介。张衡（78—139），字平子，南阳西鄂（今河南南阳市石桥镇）人，东汉时期的天文学家、数学家、文学家和思想家。他曾两任太

领域	张衡的主要成就
天文学	发展了浑天说和浑仪，制作了漏水转浑天仪和土圭，撰写天文著作《灵宪》。世界上第一个科学地解释了月食成因，发现了行星运行中的轨迹差异，记载了约2 500颗恒星
数　学	在《周髀算经》和《九章算术》的基础上，把圆周率的推算精度提高到3.1622 ～ 3.1466
机械制造	复原了失传的指南车和自动记里鼓车，制作了能飞行数里的自飞木鸟
绘　图	世界上首先用网格系统地绘制了地图，并有其他绘画作品
文　学	创作的《二京赋》《四愁诗》等重要文章，在中国文学史上具有深远影响
史　学	曾对《史记》和《汉纪》提出了十几条修改意见
反迷信	为禁绝当时的图谶迷信进行过坚决斗争
地震学	发明地动仪，成功测到当时的陇西地震，对现代地震学的诞生起到了思想启迪作用

史令，执掌天文、气象等观测，在文学、天文、地理、数学和机械学等多领域都取得了杰出成就，流传至今的著作有53篇。

后人评价张衡是一位世界史上罕见的全面发展的人才，2世纪推动中国科技领先世界的代表人物。1970年和1977年，国际组织将月球上的一座环形山和太阳系中的一颗小行星以张衡的名字命名，以纪念他在世界文化和科学发展史上的伟大功绩。

"哦，张衡真是太有才了，真是上知天文、下知地理！好牛！"镪镪连连感叹。

"唉！人家是从小立志，很小就知道自己喜欢做什么，好羡慕……"潭柘也连发感慨。

月球上，有以中国的战国时代天文学家石申、东汉科学家张衡、
南北朝数学家祖冲之和元朝天文学家郭守敬命名的环形山

3.2 发明先进理解难，灵敏验震在中华

潭柘和镱镱继续查看着资料。

古人通常通过对常见的、稳定的、有特征的自然现象进行观察，从中受到启迪，设计出仪器，再根据仪器对客观现象的重演和复现，来达到"以象验天"之目的。这里的"象"，即现象，指人们能够看到的客观现象；"天"，即天道，指自然规律；"验"，是检验和验证之意。

在古人认知能力有限的情况下，"以象验天"的简单模仿是有效的科研途径。比如，候日的圭表模仿日影的变化，计时的漏壶借用水滴掉落的等时特点，候气的葭莩律管模仿风吹灰飞现象，候风的风标借用旌旗迎风招展的现象，候星的浑仪三重圆环微缩了日地月运行轨道。同样，张衡发现地震有别于地裂的特点，更意识到水平摇晃是地震所独有的现象，模仿出悬挂物对地震表现出来的摇晃等于验证了地震，也就实现了"以现象验天道"。因此，他才敢在朝堂之上自信地说："天道虽远，凶吉可见。"

132 年张衡发明的地动仪图示

当年张衡在改进浑天仪时，先制作过小浑仪，以针和薄竹篾制成模型，取得成功后才进行铸造，制作出了漏水转浑天仪。从 128 年顺帝给予了支持的四年时间里，张衡带领他的团队，日夜忙碌，全力以赴，反复地实验、修改、铸造加工，投入了大量人力物力，仅青铜耗材一项就至少用掉当时的百万余枚五铢钱。

132 年 8 月，张衡终于将地动仪正式"请"进灵台，引起了朝廷内外的极大反响和赞誉。人们这才知道，日食、月食是可以观测和解释的自然现象，地震原来也和它们一样，是有规律可

循的。史官立即用最客观也是史无前例的最高规格词汇夸赞张衡与他的地动仪："验之以事，合契若神，来观之者，莫不服其奇。自古所来，书典所记，未常有也。"

地动仪对地震的反应非常灵敏、靠谱，真是神奇。是的，张衡超越了古人，确实非常了得！

虽然张衡的科学实践令人骄傲地超越了时代，但是思想意识却令人遗憾地被当时的社会理念所束缚。他的"裂者，威分；震者，民扰也"这句话，因为含有深奥的神学色彩，与《易经》等一并被后人奉为占卜的经典，流传千古。也因为这句话，我们可以知道当时的人们在地震方面的知识有限，无法科学地解释地震现象，这也为张衡后来悲惨的命运埋下了伏笔。

地动仪的发明为顺帝也为后世的皇帝们解决了老大难问题。谁说"老天"对皇帝不满意？只是因为现在离"老天"太远了，它们之间的感应比较困难。地动仪使皇帝能及时得到"上天"的指示，今后谁还好意思再对皇帝指手画脚、说三道四？

老问题迎刃而解，新问题又来了。发生地震不是因为上天要谴责皇帝、惩戒苍生，那到底是为什么呢？

133年，顺帝19岁的时候，京师地震。皇帝又下《罪己诏》，继续问大家："朕以不德，无以奉顺乾坤，灾异不空设，必有所应。"地震不可能平白无故地发生，这个地震到底是怎么回事？

张衡借着这个机会，对盛行百年的谶纬（chènwěi，流行于汉代的一种迷信，将自然界的偶然现象神秘化，并视为社会安定的决定因素）之说进行了批判，建议"禁绝图谶"。他的提议受到皇帝的认可，并将他从国家科研机构调到中央机关从政，担任侍中，每日陪伴在皇帝左右，为处理国家大事出谋献策，待遇也从年薪600石提高到2 000石。

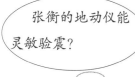

张衡的地动仪能灵敏验震？

一位名不见经传的汉中少年李固（94—147）也上表奏章，"炮轰"皇帝的"心腹"："本朝者，心腹也；州郡者，四支（肢）也。臣之所忧在心腹之疾，非四支（肢）之患。"还讲皇帝应该把自己的心腹管理好，即使州郡"有寇贼、水旱之变，不足介意也"。心腹之疾呀！意思是把整个国家比作一个人，京师就像是人的心脏和腹部等重要器官，京师周边的地方州

地动仪成功测到陇西地震

郡就像是人的四肢。地震既然发生在皇帝居住的京师，肯定是冲着像皇帝"心腹"一样重要的大臣来的。李固的话一下子就说到顺帝的心里去了。李固也凭这个"最佳答案"脱颖而出，受到顺帝重用，成为议郎。

有人欢喜有人忧。这年的7月7日，朝廷中职务最高的两个人——太尉庞参和司空王龚同时"以地震策免"。不是因为他们做了错事，而是因为发生地震被罢免了职务，吓得满朝文武"叩头谢罪，朝廷肃然"。从此，顺帝的这个新创举将地震和高官任免紧密地绑到一起，并对后来的社会观念产生了重大影响。

地位那么高的官员都被罢免了，并且是一起处理了两位，这力度够大了吧！那"老天"满意不满意呢？谁知第二年，也就是134年12月13日，地震又不请自来。这是谁说的？地动仪！你看地动仪上龙嘴里的铜丸又掉落下来了吧？住在京城的人们思来想去，什么感觉都没有，于是都去问张衡。经过官场历练的张衡支支吾吾，不愿说没地震，也不敢说有地震。学者们开始责怪他："这么大的事，怎么能开玩笑呢！"谁知仅过几天，驿站快马加鞭传来消息，报告陇西发生了近7级的大地震！

这可是史书里说的。史书讲"后数日驿至，果地震陇西"。除非十万火急的边境战事要利用烽火传递消息，通常驿站都是按照"日行三百里"的速度传递信息。陇西至京城的距离差不多是五百多到七百千米的范围，换算成汉朝的长度单位，至少也要一千多里。

"什么？陇西？那个离京城千里之遥的地方？地动仪竟然未卜先知！啧啧啧……"人们这才恍然大悟。无论如何，能够测到远方的地震已经完全出乎人们的意料。皇帝对地动仪的卓越表现更是兴奋到了"鼎"点，特批为地动仪铸鼎，彪炳青史。

张衡凭借他突破性的学术思想和科学发明无可厚非地成为了地震学界第一人。地动仪被公认为世界上第一架测震仪器——验震器成为人类古代科技的杰出发明之一。

地动仪是古代科技的杰出发明之一。

3.3 欲除地震靠罢官，张衡仪器被终结

在地动仪灵敏测震后，张衡和地动仪受到人们众星捧月般的夸赞。但是很快，又如跌入深谷一般被人们冷落。

地动仪对千里之外陇西地震的准确报告，使得皇帝对它的发明人——张衡的态度，从很信任升级到绝对信任。顺帝不再到处征询意见，也不写《罪己诏》了，干脆绕开地动仪，简洁明了地直接问张衡："谁是天下最痛恨的人？谁需要惩治？"似乎只要张衡说句话，把地震问题解决掉，舍弃哪个大臣来"背黑锅"都行。

对皇帝的问话应该怎么回答？就在前一年，李固那么受皇帝欣赏，他提出要根治两大社会弊端：外戚和宦官。一边是皇后的家人与亲戚，另一边是天天贴身伺候皇帝的太监，这都是与皇帝亲近得不能再亲近的两大集团。结果怎么样？两大集团成天围在皇帝身边，你一言我一语地说李固的坏话，结果把李固气得回了老家。人家辞职不干了！

张衡迟疑了半天，没有回答。该怎么办？地震只是天地间的一种自然现象，张衡这样的天才也无法理解，错误地将这个"天灾"与"人祸"联系在一起。至于解决"人祸"，张衡不是没有政治见解，但是之前提出的建设性意见很少被采纳。他也曾提议要好好管管宦官，这一下子触动了官场大忌。朝堂之上，宦官们惧怕张衡会说出什么，毁了自己的前途，都对他怒目而视。现在，他所处的环境——皇帝的信任到了依赖的程度，自己准备治理的社会弊端愈加嚣张——正像当年李固的处境。

嗨！皇帝任人唯亲的做法实在是病入膏肓了，还能怎么说呀！众目睽睽之下，张衡只好硬着头皮说些玄而又玄的哲学，应付差事。但是，宦官们仍将张衡当作隐藏的后患，背着张衡，都在皇帝面前说他的坏话。

严肃的史书生动地记载了张衡当时所处的窘境："宦官惧其毁己，皆共目之。[张]衡乃诡对而出。阉竖恐终为其患，遂共谗之。"

面对众矢之的的僵局，张衡频繁申请调回原单位，希望能够回去单纯地进行学术研究。但是皇帝认准了他是人才，哪里肯放。这把张衡给郁闷的！

没想到地震很快又来了，竟然就在大年三十（136 年 2 月 18 日）。按照东汉的礼

仪制度，当夜漏（漏，古代滴水计时的器具）不到七刻之时，宫内钟声长鸣，文武百官应在除夕夜入朝贺年，山呼万岁，受赐欢宴。皇帝也会收到着实丰厚的新年礼物——来自各地的朝贡，同时宫廷内外会举办一系列热闹非凡的音乐、舞蹈、杂耍、戏曲等传统活动。老百姓呢？当然也是合家团聚、祭祀祖先。结果，这一切都被地震破坏殆尽。

在这个举国欢庆的重大节日里，居然会出现地震，而且京师普遍有感。太不吉利了！皇帝勃然大怒。为什么会这样？难道上天在警告皇帝，他之前的举动都错了吗？修正！修正！登灵台告慰上天，继续自我检讨，把之前被罢免的高官再次召回来官复原职！张衡和他的地动仪怎么办？把张衡调离繁华的京城吧，到一个偏僻的地方做事，别在皇帝眼皮底下添乱了！至于地动仪，它只会报告倒霉的地震，这个不祥之物以后不要再提了！

张衡之后的天文学家蔡邕在 178 年曾写过文章《表志》，里面提到地动仪的邻居——浑天仪还在继续使用，却只字不提地动仪。之后，东汉的史书上再也没有出现过有关地动仪的任何记录。

看来张衡要遭殃了！

3.4 诸侯反叛战乱起，地动灵仪踪难觅

因为没有明确记载，张衡地动仪的最终去向成了千古不解之谜。

专家们经过仔细研究，认为地动仪消失的大致时间段是可以推断出来的。汉朝末年的 160 年至 185 年期间，朝廷无能，加上诸侯反叛、黄巾军农民起义等事件，导致洛阳频繁发生重大火灾，有的火灾甚至燃烧半个月之久。190 年，大权在握的董卓将汉献帝赶出洛阳。在其后的六年战火中，汉献帝与他的忠实追随者们被迫辗转于洛阳、长安、许昌等地。史书没有记载地动仪在这个时候是否遭到搬迁。

皇帝被赶跑了，董卓和他的军队赖在洛阳没走，恣意烧杀抢掠长达一年两个月。没有约束的士兵晚饭后越过洛河就能溜达到灵台。这么看起来，许多留下来的天文设施就悬了，精铜制作的地动仪命运更加危险。

184 年黄巾军起义动摇了东汉政权（刘天呈，1970）

(a) 正规钱币

(b) 186 年钱币

(c) 董卓 190 年钱币

(d) 190 年后的剪边钱　(e) 190 年后的綖环钱

东汉末年的钱币

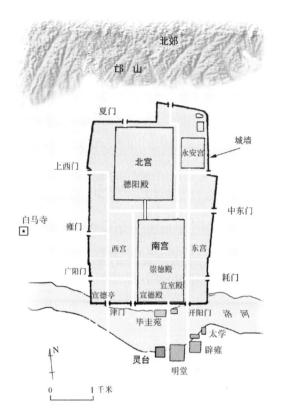

灵台位于洛阳城南一千米远处，190年董卓军队驻扎在对岸的毕圭苑

　　四肢发达、头脑简单的董卓把洛阳管理得乱七八糟、鸡飞狗跳，粮价飞涨上万倍。不懂中原文化，再加上目光短浅，为了迅速成为土财主，他们洗劫皇陵，又毁坏贵重铜器，以便得到铜，制作廉价的铜钱。可惜了铜人、钟虚、飞镰、铜马那些凝聚了那个时代中华民族聪明睿智的精美杰作！这样他们还嫌钱不够多，毁掉正规五铢钱，改铸用料更少（厚度更薄，内孔更大）的董卓五铢，吝啬地剪掉铜钱外缘的"剪边钱"，最后又索性把铜钱做成像戒指一样的"綖环钱"。专家们还发现了那个时代有用铁代替铜的"恶钱"，说明到后来严重到连铜的"影子"都找不到了。董卓把洛阳毁成这样，最后还穷奢极恶地在撤军前一把大火烧尽宫室，摧毁了千年古城。

　　几年后，政治家曹操来到了洛阳。他将所见所闻写成诗《蒿里行》："白骨露于野，千里无鸡鸣；生民百遗一，念之断人肠。"

　　又是连续多年的战火纷飞，在刀枪剑戟中洛阳仍然停留在痛楚的那一历史时刻。曹操的儿子曹植在五年后再次来到洛阳，与他的父亲有着相同的感受，著《送应氏》："洛阳何寂寞，宫室尽烧焚；垣墙皆顿擗，荆棘上参天；中野何萧条，千里无人烟。"医学家张仲景（130—205）也在《伤寒论》中记载，这一时期的十年内，他亲眼见到家族里的亲人因病死去三分之二。

以上这些洛阳大火、毁铜铸钱、京师搬迁等极端严重的社会混乱，导致全国人口急剧减少，黄河流域成了人烟寥寥的荒原，地震活动记录也出现了罕见的百年空白。

之后，一个新的王朝——魏国建立。221年，魏文帝曹丕（187—226）登基，定都洛阳。祭天活动改为他处，灵台不再是皇帝必到的重要场所。此后，灵台在历史上的再次出现仅与天文观测有关，比如观测了发生在227年的日食。

算来算去，张衡地动仪失传的最后下限应该在190至220年，也就是东汉末年期间。

"地动仪和浑天仪都设在灵台，都很重要。浑天仪只关系到天文历法修订，至今仍受到重视，但能测地震的地动仪却没了踪影，真是太遗憾了！"看到这里，潭柘深深地叹了口气。

"是啊！太可惜了！地动仪居然不见了，太可惜了！"镱镱也唏嘘不已。

东汉灵台的今貌

这里就是东汉灵台所在的地方？

3.5 因震责己谬千年，华章丰富仅存字

地动仪遭遗弃，"聪明"的官员们学得更乖了，发生地震后主动向皇帝检讨："京师地震，日月薄食，皆臣下失职所致。地道，臣也。臣失职，地为之不宁。乞赐黜罢，上答天谴。"嗨！小聪明全用到这里了。不是继续研究地震，而是用更荒谬的语言主动承认错误，只希望逃过眼前一劫。这些做法把后来一代代人的思想也带到"沟里"，深陷其中不能自拔。

顺帝和他之后的几代皇帝反倒踏实多了，用掩耳盗铃的方式对待地震。地震再怎么闹腾，也不再为这事登灵台祭天了，改为踏踏实实地忙着记录地震、震后赈济、官员惩处等事项。这个办法被历朝历代的统治者奉为宝典，直到最后一个封建王朝——清朝。

受到欧洲中世纪科学思想影响的清朝皇帝康熙，在 1679 年河北三河—平谷发生 8 级地震后，开始关注地震。在他去世前的一年（1721 年）写出了具有新思想的科学文章《地震》，坚决地否定了汉代"以地震策免"高官的谬论。此时距汉武帝启动的"天人感应"言论已经过去了 1 852 年！

张衡发明了地动仪，地动仪却没有为他带来任何幸运，测震的结果只是为皇帝推脱"地震责任"多了一个借口而已。历史表明，张衡同哥白尼、伽利略等欧洲科学家的遭遇一样，一旦当朝统治者的统治受到了革命性创造的威胁，新事物便受到冷落、抑制、扼杀，继而成为殉难品。

"听说地动仪的设计图被记载下来了。南北朝时期信都芳撰《器准》，隋初临孝恭作《地动铜仪经》，都对地动仪有记述，不但有文字，还有结构图和制作方法。"潭柘从一摞资料里拿出了一页纸。

"哥哥，张衡的地动仪到底是怎么制作的？怎么测震的？"镱镱有点心急了。

"可惜的是唐代以后这两本书都失传了。"潭柘遗憾地说，"不过，记得吗？有个鼎记录了地动仪，在南北朝时期虞荔的《鼎录》中发现了有关地动仪的 16 个字。"

镱镱看着潭柘手里的资料，一字一句认真地念道："张衡制地动图，记之于鼎，沉于西鄂水中。"

"镱镱，西鄂就是张衡的故里，在现在的河南省南阳市卧龙区石桥镇。在古代，鼎被视为立国的重器，是政权的象征。东汉历经了200年，制作了14尊鼎。顺帝在位时仅制作了2尊鼎，地动仪是其中之一。这已经是最高待遇了，并且是我国历史上唯一一尊记录科技发明的鼎！不过，不好确定铜鼎是否还沉在河底，古人早就挖掘过多少遍了。除此之外，没有更多记载了。"潭柘非常希望能找到记载地动仪的更多资料，因此竭尽所能地从冯爷爷那里和图书馆、网络上搜集了不少资料。

4 文字为后人留下寻找线索

潭柘从一摞材料里拿出了冯爷爷提供的一份资料，邀请镱镱和他一起阅读。镱镱欣然地在哥哥身旁坐下来。

当时，张衡仔细地描绘出了地动仪的结构图，并做了图注，还撰写了详细的文字介绍。这些被有心的史学家们借助笔墨载入了史册。可惜，地动仪存世时间短，还没来得及让更多的人理解就失传了。随着年代久远，原始的和转载的各种资料逐渐丢失，后人也闹出许多令人啼笑皆非的故事。

4.1 文字记载述谜面，欲知谜底先释疑

我们现在仅知道北魏时期（386—534）曾经记载了地动仪的结构图样，最迟延续到北宋时期（960—1127）。地动仪的图注流传的时间要稍微长一些，直至隋朝（581—618）。再后来，地动仪的结构图样与图注都彻底失传了。如今，对地动仪的记载只剩下了文字，流传最广的是范晔 445 年著《后汉书》的《张衡传》里的 196 个字。

阳嘉元年，复造候风地动仪，以精铜铸成。员（圆）径八尺，合盖隆起，形似酒樽，饰以篆文山龟鸟兽之形。中有都柱，傍行八道，施关发机。外有八龙，首衔铜丸，下有蟾蜍，张口承之。其牙机巧制，皆隐在樽中，覆盖周密无际。如有地动，樽则振，龙机发，吐丸而蟾蜍衔之，振声激扬，伺者因此觉知。虽一龙发机，而七首不动，寻其方面，乃知震之所在。验之以事，合契若神。自书典所记，未之有也。尝一龙机发，而地不觉动，京师学者咸怪其无征，后数日驿至，果地震陇西，于是皆服其妙。自此以后，乃令史官记地动所从方起。

近百年来，科学家们对这一千年谜团充满了好奇，纷纷进行研究。文字并不难懂，但专业性很强，真想搞清楚地动仪的原理和结构，需要破解七大疑问，简称"五加二"。

国内外的科学家和众多的"发烧友"想啊想，提出了很多有创意的想法。不过很快发现，这看似简单的几道题，想要交出完美的答卷，还真不简单啊！

我们先来看一看前人是怎么做的，有过哪些经验教训。

"五"，涉及五项结构和功能：

1. "中有都柱"，都柱的形状和质量是怎样的？
2. "形似酒樽"，取决于什么工作原理？
3. "樽则振，龙机发"，都柱为何没有动作？
4. "寻其方面"，地震的什么波所引起的？
5. "陇西地震"时的洛阳烈度是多少？

"二"，暗含两个必备的基础条件：

1. 地动仪对非地震的抗干扰能力是怎样的？
2. 地动仪所模仿的天然对象是什么？

4.2 释震再回伯阳父，测震雾里来看花

北宋以前，有关地动仪的史料要比现在丰富。但是到了南宋以后，以及元、明、清这些朝代，随着史料的逐渐遗失，人们对地动仪的了解越来越模糊。博览群书的文人名士中，也曾有人认真地按图索骥，亲赴河南洛阳考古，但是"掘地三尺"，也没见到张衡地动仪的蛛丝马迹。

地震是什么？满腹经纶的文学大师们会"拍拍脑袋"告诉你："伯阳父说过，阳伏而阴不能出，阴迫而不能蒸，于是有地震啊！不懂吧？阳把阴压住了，就会发生地震！"

想学测震？先去学测气吧！自古以来，把芦苇茎里的薄膜切成片，捣成屑，放在管里观察动静——气动，这是标准的测气方法。测气与测震又有什么关系呢？地震的阴、阳之气都属于地气，地动仪里的"都柱"应该非常细、非常轻，这样似乎才能被地气吹动。但是没有震感的地域呢？这说明地震与阴、阳闹矛盾这事无关。

看来，在古人眼里，地动仪测到陇西地震，真是个讲不清、说不明的怪事。魏晋史官早在青史里写有："自书典所记，未之有也。"

镱镱问潭柘："哥哥，这个说法对吗？"

潭柘自信地说："当然不对了！测气与测震是两码事。就因为地动仪存世时间短，再加上古人读的四书五经里都没有讲过，他们当然一时半会儿接受不了。"

"哥哥，你再帮我好好讲一讲！"镱镱缠着潭柘，要继续听这些复杂的故事。

潭柘看到镱镱兴趣浓厚，便简明扼要地继续讲述起来。

测气与测震有关系吗？

到了南宋，笃信阴阳之说的文学家周密（1232—约1298）讲："地气到了，地才动；气不到则地不会动。地动仪放在洛阳，与地震并不相关，怎么能让龙嘴吐丸呢？岂不匪夷所思。"清朝有位大名鼎鼎的进士叫何琇（1724—1805），是《四库全书》总纂官纪晓岚的老师，也瞪大着眼睛说："我始终不相信地动仪。气动于数千里，而地动仪就能有反应，真是岂有此理。"乾隆年间，传教士带来了哥白尼的日心说，介绍地球绕着太阳运动。一位叫阮元（1764—1833）的进士听说后，不屑一顾，马上表示他早就知道了："都说地动仪测地震，非也。这本是个测地球动、太阳不动的仪器。传教士所讲的什么日心说，不过源于我泱泱大国，或与我国之说巧合罢了。"瞧瞧，这让人贻笑大方的话可是出自当年的进士之口。

就这样，地动仪在九州大地上沉寂了近两千年，它的科学价值始终没有被人们认识到！

听到这里，镱镱有点着急了："怎么能这样呢？真想跑过去告诉他们！"

潭柘转过身，看着镱镱，侃侃而谈："因为他们只知伯阳父的学说，地气又讲不通，所以很多人不相信地动仪能测震。照这样发展下去，说不准什么时候，地动仪就变成神话传说了。"

镱镱想了想，问潭柘："那西方国家怎么看待地震呢？"

"中国是这样，西方国家的情况也不乐观，对地震的原因都处在迷茫和摸索之中。后面的事情，想先听好消息，还是先听坏消息？"潭柘表情神秘地说。

"坏消息是什么？好消息是什么？哥哥，你快讲讲吧。"镱镱急迫地说。

 4.3 西方测震未成器，再现东方天谴乱

1755 年，英国的工业革命朝气蓬勃地发展起来。但是在葡萄牙，牛顿三大定律和他的天体力学还被视为蛊惑人心的异端学说，对地震现象更是不可理解。11 月 1 日，葡萄牙首都里斯本发生 9 级特大地震，海啸几乎将这座城市吞没，全城死亡 9 万余人，幸存者也大多无家可归。东方的"天谴观"变相地在西方重演。葡萄牙人认为这场地震灾害是老天爷对耶稣会和宗教审判所的神父们不端言行的惩罚。因为这些神父胆敢诬陷大家，违背了上帝的箴言，信奉了异端邪教。于是，宗教审判所逮捕了几名主要神父，

描绘 1755 年里斯本 9 级特大地震的一幅画

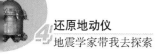
予以判刑，遂将已经神志不清的长老马拉格里达斯处死，再扔到熊熊烈火上焚烧，希望用这种方式转祸为福。

1783年2月5日，意大利的卡拉布里亚又遭遇大地震，伴随着山崩地裂、海啸和洪水，死亡约6万人。

文艺复兴时期，意大利恰值地震活跃期，火山喷发也频繁发生。老百姓发现了检验地震的简单办法，要么将水盆里盛满水观察液面，要么不时地看看教堂里的吊灯，一旦发现水面晃动、吊灯摇摆，肯定是地震了。他们的经验积累与张衡的实践过程颇为相似。1703年，法国人Feuille发明了西方第一个测震仪器——水银验震器。水银受到地震波的作用后发生晃动，会沿着槽沟溢入周边的小碗内，小碗均衡地分布在八个方位上。可惜水银属于剧毒物品，在常温下还会蒸发，对地震的反应也不够灵敏。但这毕竟是一次有意义的探索。

D.H.Feuille发明的水银验震器示意图（Sleeswyk，1983）

面对严峻的地震和火山活动，各国学者们加大了对地震的研究，提出了许多假说。有人曾设想过电荷放电引起气体爆炸、化学作用溶解出巨大地洞、岩浆活动扰动上层地壳等地震成因。不过因为缺乏实验和观测数据的支持，一直没有取得大的进展。此外，发明的测震仪器也五花八门，如在地下打洞灌水监测体积变化、收集气体测地气、探测地下声音，等等。直到 19 世纪中叶，欧洲出现了改进验震器的热潮，各具特色的仪器纷纷出现，但还是没有找到更好更科学的办法。

4.4 用实验观测地震，借悬挂创新观念

对地震学研究的转机出现在第二次工业革命后期。故事发生在日本，这是一个多地震的国家，1868 年明治维新后，科学技术迅速地发展起来。

1875 年，返回日本的留美学者服部一三（1851—1929）首先绘制了张衡地动仪的猜想图，在学术界产生了很大影响。也在这一年，应日本东京帝国大学的聘请，年轻的英国工程师米尔恩（1850—1913）徒步跨越欧亚大陆，前往日本。在路过中国的北京、天津、镇江和上海等地时，长城和大运河等伟大成就给他留下了深刻印象。他惊叹于古老的中国所具有的文化底蕴，服部一三的张衡地动仪猜想图又令米尔恩大开眼界。原来，古老的中国有过这么一个神奇的发明，竟能测出地震！

1876 年 3 月，米尔恩到达日本。入住当晚，他就领教了地震的厉害。在接下来的一个月里，他感受到了十余次地震，而在第二年竟然碰到过 53 次地震。1879 年，米尔恩开始涉足地震学领域的研究。

1880 年 2 月 22 日凌晨，米尔恩在沉睡中被地震晃醒，迅速记录下震感时刻：凌晨 0 时 50 分。他观察周围，可以清醒地看到头顶上的吊灯在剧烈地摇晃，有着十分确定的摇摆方向；两个实验用的单摆，晃动幅度竟然达到 2 英尺（约合 0.609 米）。

现代地震学的奠基人米尔恩

米尔恩非常想知道，其他地区是否与他观测到的情况相仿呢？

这次灾害不大的 5.5 级地震促使米尔恩将研究领域从地质矿物学彻底转向了地震学。通过各种渠道的调查，米尔恩吃惊地发现，地震发生在距东京二三十千米的横滨，不仅震感强度在向四面八方减弱，而且各地的震感时刻也有向外延迟的迹象。他大胆地推测，地震可能会激发出某种波动，能量向外扩散，直至耗尽。如果确实如此，就必须用仪器测定，架设台网，配备时钟，统一进行观测。

米尔恩的这一想法，源于张衡和牛顿这两位改变传统观念的科学巨匠的"鼎力相助"。

牛顿的惯性定律让米尔恩看到了事物的另一个侧面：地震时，一切都在剧烈运动中，必须有一个相对静止不动的物体才能进行测量。何为相对静止不动的物体呢？看来，中国的张衡已经找到了答案——悬挂物。如果悬挂物的吊绳很长，地震的水平力无法直接作用到它，必然静止。悬挂物的质量越大，惯性力就越大，才有足够的能量与其他部件相互作用。因此，张衡地动仪中的柱体一定要高悬挂、大质量才行。1880 年，米尔恩担任日本地震学会副主席，他对今后研究的新方向更加清楚并且十分坚定。1883 年，他把《后汉书》中有关地动仪的 196 个字译成英文，首先向西方介绍了人类第一台测震仪器是由中国人张衡发明的，还附上了他猜想的地动仪复原模型。以至于今天的西方还将张衡地动仪称为"中国验震器"。

米尔恩在 1883 年的专著《地震和地球的其他运动》中对张衡地动仪进行了介绍

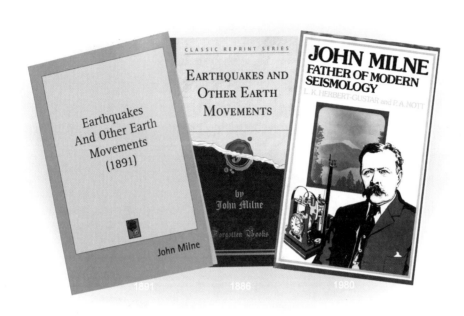

1883–1980 年国外对张衡地动仪的介绍

米尔恩知道，如果想证明自己推测的地震波存在并且正确，必须经过实践的检验。怎么做呢？在日本做吗？若震源本身的大小是在百千米以上，日本的国土面积太小，难以说明问题。借助张衡地动仪测陇西地震来说事？当然不可能，张衡地动仪的测震距离虽然较远，但那已经成为古老的故事。

1889 年 4 月 17 日，一位德国的年轻人帕斯维奇在波茨坦天文观象台做高精度的地球重力观测时，记录中一连串奇异的扰动信号引起了他的注意，出现的时间是 17 时 21 分。"为什么？"强烈的好奇引得他在后来的几个月里一有时间就进行调查。在漫无目的的查找中，他得知 8 800 千米之外的日本熊本曾在日本时间 4 月 18 日 02 时 07 分发生过强烈地震。除去两地 9 个小时的时差，这个时刻相当于波茨坦时间 4 月 17 日 17 时 07 分，那么还有 14 分钟的时间

德国科学家帕斯维奇

差。在这奇异的 14 分钟里会发生什么？难道是地震在旅行途中？对！这是地震波在传播的途中！帕斯维奇的这一发现迅即轰动了国际学术界，成为地震波存在并且可以远距离观测的首例过硬证据。这被视为现代地震学诞生的前奏，也成了米尔恩的幸运"东风"——他的推断可以被证明，地震波真的存在！在那激动人心的时刻，人们纷纷祝贺米尔恩的创举，赞扬帕斯维奇的发现，也开始关注另一位功臣——张衡。张衡的地动仪早已观测到地震波动信号，这更是人类伟大发明的奇迹。东西方文明的步伐在互相学习中前进着。

就这样，惯性和地震波两个新的概念已经建立，地震和地动仪的真相也就初露端倪。地面震动的区域必须划分成震源区和波动区两个部分。震源区再大也有限，波动区域却可以非常辽阔。人员是否有震感已经不再是判断震源区大小的标准，即使在没有震感或者无人居住的地区，也会有地震波的传播。只要利用了物体的惯性，就可以借助仪器来监测全球的地震活动。

反观世界文明史，中国古代的发明千千万万，为什么唯独地动仪占据着特殊的重要地位？是因为它曾经测到过一次东汉时期的陇西地震吗？不是的，而是这一成功所蕴含的科学内容。它代表着惯性最早地应用到了实践，人类第一次用仪器测到了地震波。随着新的自然规律逐渐被发现和确认，人类从此在地震灾害面前站了起来。

1889 年之后，米尔恩的地震学研究得到迅速发展。不仅在日本正式组建了地震台网，布设了他的测震仪器，而且将此推广到全球。1895 年 7 月，米尔恩返回英国，在怀特岛的夏德建设了首个地震台站，组建了第一个全球地震台网。之后，六十多个国家相继布设了八十多台地震仪。1897 年，在中国

世界第一张远地震记录图

的台北也架设了一台。后来，著名探险家斯科特还在南极的基地帐篷里架设了一台。

米尔恩持续不断地改进他的发明，出版了全球地震报告和专著，成为举世公认的现代地震学的奠基人。1901年，国际地震协会在法国斯特拉斯堡成立，现代地震学从此迈开了前进的大步伐。

惯性定律的诞生

牛顿

1687年，英国科学家牛顿（1643—1727）出版《自然哲学的数学原理》，提出了力学三大定律。第一条就是惯性定律：一切物体在没有受到力的作用时，总保持匀速直线运动状态或静止状态。为便于记忆，常简述为：不受力时，静者恒静，动者恒动。在人们赞美牛顿的时候，他说："我是站在巨人的肩膀上才成功的。"这是针对意大利科学家伽利略（1564—1642）而讲的。

伽利略在牛顿之前曾经钻研过这个问题，做过实验，已经意识到惯性现象：运动物体的阻力越小，速度减小得就越慢，运动时间就越长。假如没有阻力，物体势必会以恒定速度永远运动下去。在此基础上，牛顿做了更加深入的研究，最后建立起惯性定律。

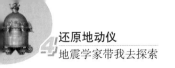

4.5 地震专业有评估，仪器科学被认可

"这么说，张衡地动仪就是这样逐渐重见天日的？"镱镱问潭柘。

"哪里有这么简单！史料文字毕竟不是严谨的科学论文。国内外还有人在质疑地动仪是否存在过呢！"说着，潭柘打开电脑，搜索出一份资料。

"你看，这是冯爷爷昨天刚传过来的资料。"潭柘对镱镱说，"地动仪是不是能够真正站住脚，必须有一系列的扎实证据来证明。"

张衡地动仪是一种测震的专业仪器。中国的地震学家对于这一重大发明持积极、严谨和冷静的态度，早在20世纪20年代就已经关注过它，并对它的可靠性做过基本评估。这种评估基于两项最基础的分析。一是陇西地震，分析该区的地震活动水平，不同强度的地震会对当时的京师洛阳造成多大影响。二是地动仪原理，是否利用了惯性，有无观测到陇西地震信号的可能。评估的结果是肯定的。也就是说，已经从地震学的角度认可了地动仪的科学性。

先来看陇西地震。"陇西"是对陇山以西地区的一个泛称，它们距京师洛阳的距离一般在500～800千米。由于汉代西北地方纷争和战事，郡县和城镇的控制权被迫不断更迭，加之交通不便，因此对历史地震的记载很难具体化。1920年12月16日，这里又发生了一次"陇西地震"，即甘肃海原8.5级特大地震，造成29万人死亡，30万人受伤。在无援无助的极端困难中，从比利时留学回国的中国第一位地质学博士翁文灏（1889—1971）率领5人到达现场考察，迈出了中国现代地震学研究的第一步。他在1924年著书《地震》，向国人介绍了《后汉书》和地动仪，并题诗："科学开西哲，精思仰昔贤"。就这样，张衡地动仪伴随着陇西地震的复发而重现于九州大地上。

从这以后，陇西地震（包括东汉时期的地震活动）一直是中国科学家重点研究的对象，他们还专门对138年和143年的陇西地震做过实地调查。这一地区位于南北地震带的北段，一直是地震多发区，8级以上的特大地震就发生过4次（1654年天水地震，1879年文县地震，1920年海原地震，2008年汶川地震）。1556年，在其东侧的华县也发生过8级地震。这5次8级以上大地震的死亡人数累计高达130多万。

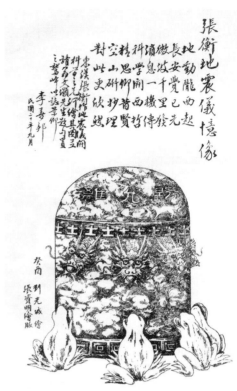

1931 年，我国第一个地震台建成，悬挂了日本服部一三的地动仪猜想图

地动仪监测范围示意图

天水至洛阳600千米左右，驿站送信大约需要3~5日，与史书记载一致。地动仪所测地震震级的理论值为6.8 ~ 7.0级，洛阳烈度为Ⅲ ~ Ⅳ度，人员处于无感或刚好有感的水平。难怪那时的张衡对此支支吾吾，左右为难。

再来看地动仪的原理。史书对都柱的作用描述合理。"都柱"寓意着大的、重的柱体。古文描述得非常清楚，地震时只看到樽体在摇晃，然后龙机发力、龙首吐丸等，并没有添加都柱的任何运动。这就是一种典型的惯性现象，而且都柱越沉重，惯性越大，肉眼才能察觉出这种差异——地动摇樽而都柱未动。初步的理论估算表明，地动仪观测到陇西地震的信号是在合理的精度范围内。史书对地震现象的描述也是客观的，并无臆造和杜撰的情况。

基于这些基础性的研究和专业评估，国内学术界认定张衡地动仪利用了惯性原理，能测到陇西地震，史料可信。从此，研究工作便从地动仪"存在与否"转入到"什么原理"的阶段。

"好了！冯爷爷给的资料和我查找的资料都在这里啦，也都给你看过了。咱们有空儿再去找冯爷爷请教请教！"潭柘麻利地把桌上的各种资料归类整理好。

"好啊！"镱镱听哥哥讲了这么多故事，非常开心。

5 "悬挂内"与"立酒瓶"百年之争

这天又是冯锐爷爷公益性科普讲座的日子。潭柘和镱镱充满期待地来到中国科技馆的多功能厅。他们感觉似乎就要揭开地动仪的神秘"面纱"了。

一走进大厅，潭柘发现厅内已经坐满了中小学生。前排的观众席上有一个"大龄学生"，非常眼熟，他正在与身边的同学们热情地聊天。

"冯爷爷在那儿！"潭柘立即带着镱镱来到冯爷爷面前，礼貌地打招呼。

冯爷爷见他们到来，非常高兴，跟着就问兄妹俩："我正在与大家聊地动仪的都柱长什么样合适。你们认为都柱应该是什么样的？"

"一根直立的柱子。"潭柘率先回答。

冯爷爷故意面露严肃，道："照理说，'直立的柱子'并不错，不过，我们还需要再往深处想一个问题，也就是沉重的都柱会对地震有怎样的反应呢？是静止不动，还是倾倒？这就比较难回答了……19 世纪末人们认为是悬挂都柱，保持静止；20 世纪中叶人们认为是直立细竿，出现倾倒反应；21 世纪初人们的意见又回到悬挂都柱，认为是利用了悬垂摆的工作原理。在科研过程中，出现这些不同观点和认识是正常的现象，活跃的学术论争也有利于深入研究，促使大家的认识更加符合客观规律，解决问题的思路才能越来越清楚。"

兄妹俩在心里不约而同地感叹道："看来，张衡地动仪并没有那么简单啊！"

讲座的时间到了。冯爷爷走上讲台，说完"开

> 地动仪的都柱是什么样的呢？

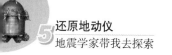
场白"后，打开面前的一个地动仪模型，结合里面的结构，向大家讲解起来："百余年来，专家们对地动仪里的都柱究竟是吊挂起来，还是站立在台上，意见分歧非常大。"

直立竿论者认为，"中有都柱"，"柱"隐含顶天立地的意思，没有"悬"字，因此，应该是下端支撑、上端自由倾倒。悬垂摆论者认为，"都柱"表明它是沉重的柱状体，"合盖隆起"隐含着都柱是被悬挂起来，主张上端悬挂、下端自由摆动。

中国地震学奠基人之一的傅承义（1909—2000）院士与王振铎（1912—1992）先生本是西南联大的好友。1976年唐山地震后的某一天，两位老人为这个学术问题产生了争论。

傅承义说："你这个地动仪的柱子应该悬吊起来呀！"

"那干脆在房梁上吊块肉好了，还要什么地动仪！"王振铎回答。

"对呀，吊块肉都比你的模型管用啊……"傅承义跟着调侃道。

此事后来传为佳话。正是因为人们在屋檐下悬挂的干鱼、干肉等符合"悬垂摆"的论调，而倒立放置的啤酒瓶符合"直立竿"的论调，所以地动仪的原理之争也被笑称为"悬挂肉"与"立酒瓶"之辩。既然它们当中只能选择其一，那么，哪一个更符合史书呢？

科学来不得半点虚假。冯爷爷与他的导师傅承义持一致的观点，都支持悬垂摆之说。科学实验也表明，事实就是如此。

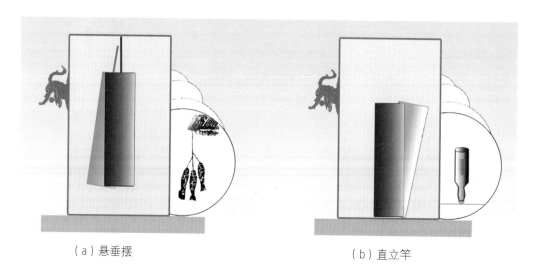

（a）悬垂摆　　　　　　　　　　　　（b）直立竿

按照古书的记载，都柱既能直立又能傍行，都柱两端便无法同时固定，必须有一端能自由运动。于是出现了两种相悖的、但都来源于生活的推测

5.1 模拟悬垂挂吊物，探究悬垂摆原理

当初，顺帝的《地震诏》企盼"测"地震的对策，张衡的注意力自然而然地放在了日常生活中对水平摇晃有反应却不怕上下颠动的天然结构上，如吊绳系住的灯笼和水桶、室内悬挂的字画和物品等。这些都属于悬垂摆。

《后汉书》中对"樽体—都柱—机关—铜丸"的动作关系是这样描述的："如有地动，樽则振，龙机发，吐丸而蟾蜍衔之。"振，往复式运动。就是说地震时，樽体出现摇晃以后，"都柱"的上支点受到了牵动。

冯爷爷拿出早已准备好的道具——系有一串钥匙的长绳，小幅度地摆动起来。

看到这里，潭柘从兜里掏出公交卡，拎起上面的绳子，镱镱则从书包上拆下了"小熊"挂饰。兄妹俩一起学着冯爷爷的动作，拎着各自的"道具"，横向短距离快速地晃动起来。

做着做着，潭柘似乎豁然开朗，道："哦，我知道了！我们曾在学校里学过，手里拿着一串钥匙，手的位置就是地动仪顶盖上悬挂都柱的上支点。只要横向快速反复且小幅度地振动它，就会出现'手动得飞快，但是钥匙几乎不动'的现象。这都是惯性的功劳！"

冯爷爷补充说："可以这样解释。悬挂起来的都柱因为惯性而保持了静止，它就相对于晃动的樽体出现了微小的傍行——侧向相对位移。"

"你们是不是觉得很奇怪，悬挂的都柱处在静止状态，是什么'神力'触发了地动仪工作？"冯爷爷启发着问大家。

"地震发生时，几乎所有的物体都处在运动中，而且主要是水平方向上的运动。如果此时有某种物体不受地震的影响，哪怕时间较短，也可以通过它与大地之间出现的相对位移，掌握地面水平运动的情况。我们一起来，一边牵着绳子做横向晃动，一边细心观察，手当然要动得快一些……发现了吧？地震的水平力无法直接作用到悬挂的都柱上。再调整一下绳子的长度，注意到了吗？悬挂都柱的绳子越长，由于惯性作用，都柱越容易保持在原点。因此，在地震时，在同一个仪器内，静止的都柱与移动的框架之间出现了相对位移，便有了推动其他部件工作的机会。"

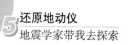

"在物理学上，把一个重物悬挂起来的结构称为悬垂摆，吊绳称为摆线，重物叫作摆锤。摆锤的质量越大，摆线越长，上支点振动得越快，惯性现象就越明显。"

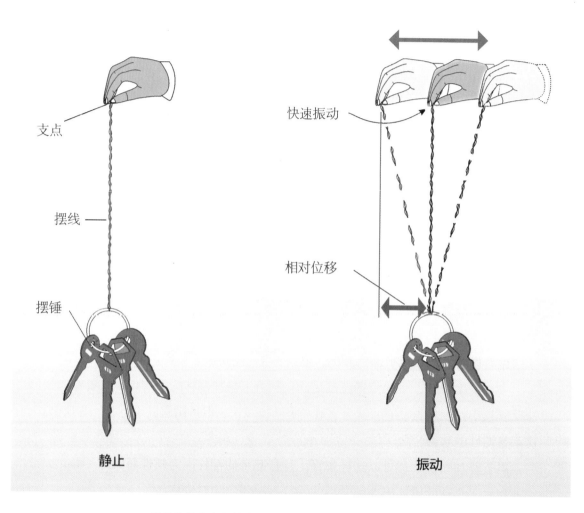

支点

摆线

摆锤

快速振动

相对位移

静止

振动

当悬挂物的支点快速振动时，重物因惯性会保持静止不动，为测量出二者间的相对位移创造了条件

讲到这里，冯爷爷问大家："你们能不能用自己的语言总结一下悬挂物的这一特点？"

镱镱举起手，兴奋地回答："我知道了——悬挂物既像一个小巧的女孩，一旦发生地震，最先报告危险；又像一个威武的壮汉，任凭打雷下雨、炮火轰鸣，都稳如泰山。"

潭柘也不甘示弱，举手补充道："悬挂物还像一个娇气包，非常敏感。多数人在地震烈度为Ⅳ度以上才能感觉到地震，而它却可以在微弱的Ⅲ度甚至Ⅱ度时

就出现反应。它的脾气也不太好，不惹它不恼，一旦触动它，它就会像秋千一样，没完没了地晃荡个不停，因此容易被人们发现。"

就在大家你一言我一语地回答时，忽然有人问冯爷爷："上次您做实验时，一有地震，吊着的灯笼就会晃动，您怎么又说它在地震时保持静止呢？"

"这位同学观察得很细致，发现了吊着的灯笼与都柱运用的都是同一个原理。"看到大家踊跃发言，冯爷爷讲解起来兴致更浓了。

这是一种常见的"感觉延迟"现象。比如，一个人正在走路时，左脚先迈出去，该迈右脚了，右脚却被一个东西绊住没抬起来，大脑还没反应过来呢，身体已经开始歪了，眼看就要倒了，身体会立即调整姿势，重新站稳后，低头查看，才知道原来右脚被地上露出的树根绊住了。

地震波的传播速度非常快，在万分之一到几十万分之一秒的霎时就从双脚间溜掉了，不到一秒就已经在上下、左右或前后方向上完成了几十个周期的振动，而人是绝对反应不过来的，悬挂物的惯性也维持了它的静止状态，这些都已被严谨的实验所证实。但是，地震波的持续时间会比较长，后续波动的频率成分又非常丰富，建筑物（特别是高层建筑）在一分钟内会遭受到几百到几千次的摇晃冲击，致使整体结构的晃动幅度加大，十分敏感的自由悬挂物或者发生共振或者被触动，立刻如秋千般地自由振荡起来（一般会持续摇摆几分钟之长），便为人们所察觉。而惹事的地震波却早已逃之夭夭，跑到千里之外，危险早就过去了。这就是悬挂物出现"只有地震我才动，不是地震我不动"的微观过程。

显然，自由振荡对测震仪器是不利的，需要从速度上阻滞它。可以给摆锤配置一个阻尼器来解决这一问题，即利用很薄的油膜、空气活塞或铝板涡流来吸收掉它的能量。所有的验震器都是没有阻尼器的自由结构，只有依靠加大摆锤的质量，才能抑制住自由振荡。这些趣味科学题目，可以留给同学们在课下慢慢学习。

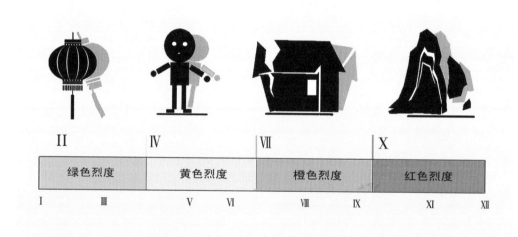

地震烈度的划分和特征性的反应客体

还有一个小故事值得一提。19世纪末，现代地震学刚起步，需要评定地震的震感和破坏程度。但是，当时还没有研究清楚地面加速度等参数的数值，只好采用烈度分级的粗糙办法做定性评估。拿什么来衡量呢？老黄牛和汽车的反应显然不具有普适性和稳定性。最后，选定了人、房屋和地表现象三个标志客体，根据它们对地震的反应程度来划分烈度等级。标准是这么定的：多数人开始有震感定为Ⅳ度，房屋开始出现破坏定为Ⅶ度，地表开始出现裂缝定为Ⅹ度，中间的烈度值则做细化推断。

这里又提出了一个难题，对于Ⅳ度以下非常微弱的震感该怎么评定呢？寻找到这个标志物的难度太大了。它必须是比人更灵敏的，只对地震才有反应的，能稳定地重复出现反应的，在生活中常见的东西。日本、俄国和其他欧洲各国的学者分别针对教堂尖顶、十字架、墓碑、婴儿、睡觉的人、病人特别是心脏病人等进行了大量调查。在各国亮"底牌"的时候，就像当初孔明和周瑜不谋而合地同时亮出"火"字一样，各国不约而同地都提出了"吊灯"！最后，吊灯等悬挂物的地震反应毫无争议地成为国际通用标准，即将吊灯刚晃动的地震烈度定为Ⅱ度，大幅度摇摆定为Ⅲ度。

现在，我们可以审视一下134年发生的那次陇西地震。地震波从千里之外传递到京师后，人们没有感觉到，说明烈度已经微弱到Ⅳ度以下，但是地动仪测到了。因此，顺理成章地推测都柱可能是被"悬挂"起来的。

对于地动仪的工作原理，从现代地震学之父米尔恩开始，到中国地震学的几位奠基人，如傅承义院士、李善邦院士、秦馨菱院士，都一致认为利用的是悬垂摆原理。

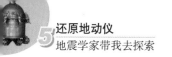
讲解到这里，冯爷爷向大家演示了地动仪测震的过程。随着振动台隆隆作响的横向移动，放在它上面的地动仪像是被黏住一样也一起左摇右晃，可里面的都柱稳稳地没有任何动作。只听地动仪腹内"当啷"一声，龙嘴里含着的铜丸掉下，落入"守株待兔"的蟾蜍口中，发出清脆的声响。

5.2 再析竖立"啤酒瓶"，纠正直立竿误解

那"竖立酒瓶"为什么不对呢？冯爷爷在精彩地演示了悬垂摆原理之后，对多年来流传的误解——"立在地上的直立竿也能测震"之说进行了纠正。

先说一说汉代柱体的形状。在张衡生活的时代，人们崇尚建造矮胖矮胖、敦敦实实的柱子。古建筑学权威梁思成先生曾用简练的语言将之概括为："肥短而收杀急，高径比仅为 1.4～3.4……较为修长者，其高可及径之五六倍。"到了宋代，1100 年由官方正式颁布《营造法式》，规范了建筑设计和施工细则，柱子的高径比规定为 10。这个规范一直延续到清代。

我们再来说说直立竿论的柱子。为了测到地震波的微弱信号，这种柱子只能反其道而行之，必须又细又高。细高到什么程度呢？以测到人员刚有感觉时的最强信号——横波来估算，高度和直径比至少为 1 225：1。也就是说它应该有 2 米高，却只有 1.5 毫米细。"都柱"怎么变成细头发丝了？制作这种柱子，别说汉代了，对于我们现在都是一个难以企及的挑战，因为无法把它独自竖立起来。

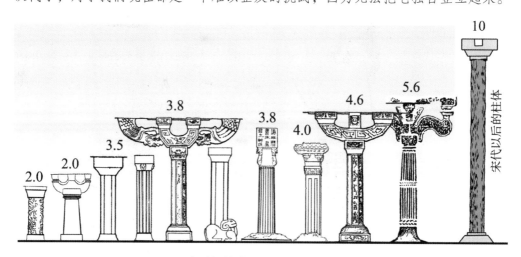

汉代各种柱体的形状和高径比值

物理学早已明确，直立竿是一种没有恢复力矩的结构，极难竖立起来。即便把它独自竖立起来，也是处于一种极端不稳定的状态，任何一个冲击性质的振动（不论是否是地震）都会使它倾倒，而且倾倒作用力的大小和倾倒方向是随机的、不可重复的。

古文献中有一句重要限定，"寻其方面，乃知震之所在"，这是说地动仪反应在震中方位上。我们结合地震图来看直立竿的反应。这是一张现代地震仪在基岩山洞里取得的高精度典型记录图，已经避免了灵台一类地基至少几百伽（cm/s^2）的地表干扰。这次地震，人们刚刚有感，水平最大加速度在 10~20 伽。

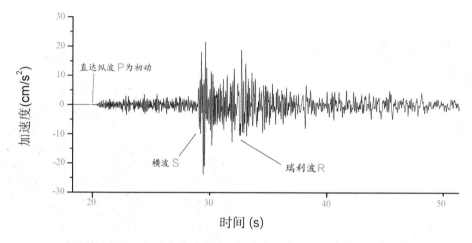

典型的地震图。初动为直达纵波，没有水平分量；加速度最强的是横波

地震波的初动是纵波，这在前面已经讲过。无论是压缩型纵波 P^+ 还是膨胀型纵波 P^-，除了震源附近外，由于在地表只有垂直分量，没有水平分量，判断不出震源方向，而且初动信号极其微弱，现代仪器经放大后都难以确认。随后是一系列复杂的续至波振动，最强信号是横波 S，它的水平振动方向垂直于震中。直立竿如何反应呢？纵波测不到，横波又不在震中方位上，常年的观测中还要抗拒几十倍强的地表垂直向干扰而不倾倒，真是难啊！

日本人于 20 世纪 30 年代在东京大学地下室做过实验。大幅度降低直立竿的标准，倒是把高径比为 62：1（相当于 3 根铅笔的头尾连接起来）的细竿竖立起来了。但是，它倾倒的灵敏度远达不到预期值，只能测到横波 S，倾倒方向也是垂直于震中的。他们不止在一篇论文中干脆把中国史书中的"寻其方面，乃知震之所在"，说为"寻其方面，乃知地震在垂直于直立竿倾倒的那个方向上"。

美国地震学家博尔特院士看到中国有人主张用直立竿测震后，就曾断言："这

种结构肯定比人还迟钝，而且根据其倾倒方向来判定地震，更是说不清楚的。"
他的判断虽然仅凭经验，但是确有道理。

　　从对东汉灵台的考古发掘来看，当时大量房屋的立柱都是有础石的，可以起
到有效的隔震作用，强烈地震仅会使柱体与础石间出现水平位错而不是倾倒。中
国古建筑的木柱靠榫卯连接，富有弹性，因此，最常见的震灾现象是房子的墙体
倒塌，但是木柱不倒，即著名的"墙倒屋不塌"。这说明古人早已清楚立柱在地
震中不是敏感反应体。

（a）　　　　　　　　　　　　　　　　（b）

大地震震中区里的柱体反应。(a) 在烈度为XI度的地区，柱体与础石间出现水平位错而不
是倾倒；(b) 在烈度为X度的地区，传统木架结构的民房出现"墙倒屋不塌"现象

5.3 米尔恩科学实践，发明现代地震仪

对于立柱结构的地震反应，地震学家并不陌生，比如自然状态的烟囱、尖塔、墓碑、纪念碑、水塔等生活中普遍存在的物体，很早就是地震学关注的重点。它们究竟是对地震敏感的稳定反应体，还是相反的呢？

日本是一个多地震、多墓碑的国家。米尔恩和日本学者曾经做过大量的现场调查，最后确认墓碑在房屋普遍出现裂缝（地震烈度为Ⅵ～Ⅷ）之时才会倾倒，它的灵敏程度大大低于对地震烈度为Ⅱ～Ⅲ时就有反应的悬挂物。美国学者也曾对 1886 年卡罗琳娜强地震中的墓碑反应做了现场调查，拍摄了世界上最早的地震照片。经过这些细致的研究，确认立柱结构属于地震的不敏感反应体。

1879 年至 1883 年间，米尔恩对地动仪做了潜心研究。针对中国古书"中有都柱"的记载，他陆续用圆柱、棱柱、方柱、锥形柱等做了各种直立竿的测震实验，均告失败。由此，他得出结论："此类结构毫无意义。粗的柱子会倒向任何方向，细的柱子又无法竖立。"基于牛顿、惠更斯、皮纳等对惯性和悬垂摆的研究，他转而改用"悬挂都柱"做实验，竟然取得了非常好的效果。当他完成了五十多种结构实验以后，得出"对测震来说，悬垂摆是最为精确的结构"这一结论，并确信张衡就是利用了悬垂摆原理。在其 1883 年出版的专著《地震和地球的其他运动》里，米尔恩把中文"中有都柱，傍行八道"一句翻译成："In the inner part of the instrument a column is so suspended that it can move in

日本学者确认了墓碑属于地震的不敏感反应体

对 1886 年的地震进行现场调查，发现大门上方的尖塔未倒塌，坍塌的是部分屋顶

eight directions（仪器中央有个悬挂着的柱子，它能够向八个方向运动）。"显然这是融进了他对地动仪工作原理的认识。书中特别强调："张衡地动仪的价值决不仅仅在于它是一个古老的发明，更重要的在于，它竟以极其相近的思路留给了现今时代的科学仪器许多有意义的启迪。"

1880年，米尔恩在世界第一个地震学会成立大会的报告里特别谈到了张衡。他指出，如果制作一个凡有振动就有反应的报警器，将是非常简单而且容易实现的，比如放个圆球、竖个直立竿、放置易倾倒物体等，但是它们不能够自动地区别"地震"还是"非地震"。张衡地动仪则不同，它的运动规律可以用严格的数学方程描述，科学价值极高，对地震的反应稳定而且可以重复。特此建议，对张衡地动仪一类的装置使用新的英文单词Seismoscope——验震器，意为"验证地震的发生"，以区别于其他装置。今后努力的方向是研制出地震仪Seismograph——能够完整地记录地面运动的位移和时间过程的仪器。

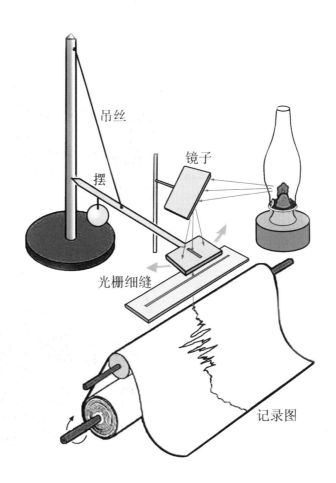

吊丝

摆

镜子

光栅细缝

记录图

米尔恩地震仪的基本结构示意图

　　米尔恩沿着这条思路继续前进。他意识到改进仪器的关键在于通过加大摆长，或者说提高摆的支点来增大摆的固有周期，才可能使摆锤在地震的震动中保持充分静止，由此便可以对仪器框架和摆锤间的相对位移进行测量。为了加大摆长，米尔恩在实验中把住房的两层天花板都凿出了洞。1881 年，米尔恩-尤因设计的地震仪的悬垂摆摆长已达 6 米之巨，摆锤质量达 25 千克，下部用杠杆放大，但仍不适合台站观测使用。显然，这种原始的结构已经走到尽头。

　　面对困难，米尔恩并没有气馁，而是转换了思考方式。他认为如果摆长继续加大到无穷，那就意味着摆的支点无论处在天顶抑或水平，结果都是一样的！

坚持不懈才能获得成功！

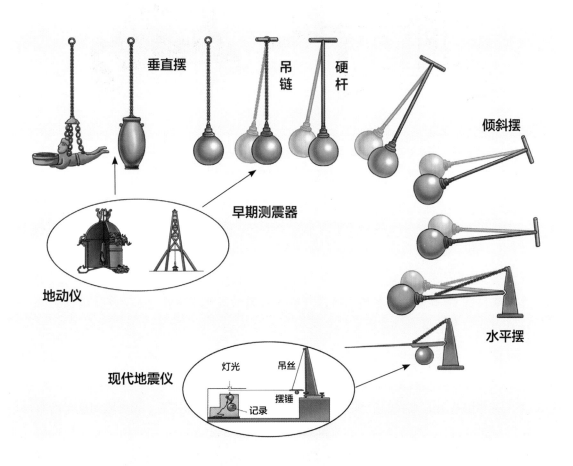

从悬垂摆到水平摆的演化

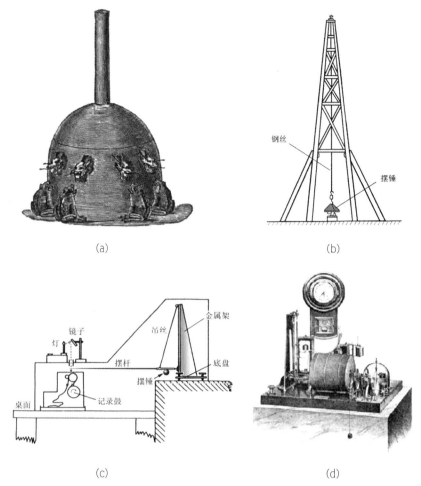

(a) (b)

(c) (d)

米尔恩对地震仪的研究。(a)张衡地动仪复原模型（1883）；（b）悬垂摆地震仪（1879—1881）；(c)世界第一部水平摆地震仪（1893）；(d)中国台北的水平摆地震仪（1897）

　　1889年，米尔恩从德国学者帕斯维奇的水平摆结构上受到启发，针对地震波的特点，做了进一步改进。他把支点设计在水平方向上，采用硬摆杆、吊丝提拉重锤，终于在1893年发明了世界上第一部可普遍用于台站的现代地震仪。仪器的垂直金属支架仅高50厘米，铝材的水平摆杆长100厘米，摆锤质量为500克，摆锤到转轴的臂长约3厘米。经过完善，仪器可以有非常大的固有周期，再加上配备了24小时连续记录器和计时器，可以监测到数千千米远的地震。

　　听着这些引人入胜的故事，潭柘和镱镱都明白了为什么说"张衡地动仪是所有地震仪的鼻祖"，为什么说"张衡的科学思想和成功实践，曾经在19世纪末现代地震学起步阶段发挥过重要的思想启迪作用"。正是张衡的地动仪启迪了米尔恩，米尔恩也正是根据张衡地动仪的原理，经过大量的科学实践，最终发明了现代地震仪。

悬垂摆的三个恒定性

悬挂物，物理上称作"摆"，是从英文"Pendulum"作为音译的名词引入我国的，1716年成书的《康熙字典》还没有将之收录进去。悬垂摆有三个奇妙的恒定性，与四位科学家有关。

132年，利用都柱在地震时的位置不动，张衡测到了陇西地震。

1582年，意大利青年伽利略（1564—1642）在比萨教堂做礼拜时，看到屋顶高高悬挂的吊灯晃来晃去。他好奇地用自己的脉搏作为参照，惊喜地发现：悬挂物摇晃的周期具有稳定的等时性。75年后，荷兰学者惠更斯（1629—1695）根据这个等时性，发明了世界上第一个新型的计时钟，取代了历时千年的水壶滴漏的计时办法。

1851年，法国科学家傅科（1819—1868）做了一个实验。他在法国巴黎先贤祠用一个长为67米、质量为28千克的悬垂摆，看到摆动平面的空间方位不变，证明了地球的自转。

历史告诉我们，即使简单的现象也蕴含着深刻的科学道理。四位科学家的实践活动，证明了悬垂摆具有三个恒定性：悬垂摆的支点平移时，摆锤的位置不变；支点不动时，摆锤的振动周期不变；支点转动时，摆锤的摆动方位不变。

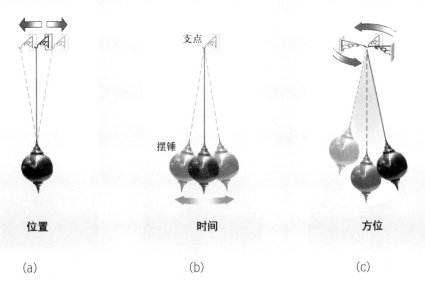

悬垂摆的三个恒定性。（a）支点平移时，摆锤位置不变；（b）支点不动时，摆锤的振动周期不变；（c）支点旋转时，摆锤的摆动方位不变

5.4 科学来源于生活，观察需勤思善问

讲到这里，冯爷爷对大家语重心长地说："搞科学研究需要具备多方面的知识。一个人不可能什么都懂，我现在也需要不断地向别人请教！只有经常把自己当成小学生，勤学善问，勤于观察，善于思考，才能不断地进步。"

接着，冯爷爷话锋一转，问大家："你们猜一猜，又是什么启发了张衡，让他想到用悬挂物来验震的？"

对此，冯爷爷津津乐道地做了如下的讲解。

古代科学思想的诞生总是存在一定的物质基础。张衡一生出行非常简单，年轻时从南阳去过长安，自111年起在京师为官，历时25年，其间随安帝去过一次泰山和淮南，没有去过大震区、极震区，也没有到地震灾区考察的机会，京师也没有发生过强地震。一个没有进行过实地考察的人竟然能发明出亘古未有的科学仪器？这怎么可能呢？

研究发现，张衡在制造地动仪之前，曾担任过公车司马令，掌管宫殿中司马门的警卫和接待工作。这相当于当今国务院接待群众来访的工作。也许是这个经历，张衡在第二次任太史令时，对各地上报的灾情内容提出了严格要求，规定汇报的内容必须具体。这个举措很有积极意义！人们汇报得越详细，就能够更加清晰地了解地震的具体情况。

同时，张衡所在的洛阳发生过七八次"地摇京师""地动摇樽"程度的地震。他可以观察到周边的悬挂物在摇摆，地表物体在晃动。那么汉代有悬挂物吗？考古学家说不只有，而且在日常生活中很普遍。

悬挂物，在地震学上称为天然验震器，树上挂的苹果、藤条上挂的葫芦等都是悬挂物。人类自从有了绳子，会打结，便会制作悬挂物，比如吊桶、吊篮、吊灯，还有秋千。

在汉墓壁画、汉画像石、汉代青铜器和汉代的家具、工具中，可以看到各种悬挂物比比皆是。例如，奏乐用的特钟、镈（bó）、铎、编磬和编钟，生产工具中的悬垂、吊锤、纺线锤和吊桶等，宫室和幄帐中的羽葆、流苏、方胜、穿璧等，垂饰用的璧翣（shà），四壁悬挂的字画，笔架挂起的毛笔，官府的悬钟和悬鼓，

(a) 镈

(b) 编磬

(c) 特钟

(d) 打水桶

(e) 吊桶

(f) 纺线锤

(g) 吊篮和悬挂的肉食

(h) 流苏、方胜、穿璧

(i) 撞钟

(j) 吊锤和铜坠

(k) 人形吊灯

(l) 吊壶

汉画像石和出土器物中的各种天然验震器——悬挂物

晚间用的吊灯，烧烤用的吊壶，庖厨用的吊篮和吊肉，楼阙悬挂的鲜鱼，还有用青丝和麻绳贯穿吊起来的铜钱，等等。

张衡可真是一个善于观察的人！

此外，张衡生活在东汉经济繁荣的鼎盛时期，人们有能力建造高大的房屋，谯楼、市楼、仓楼、望楼和碉楼等三四层的高楼相当普遍，史书上频繁出现"起庐舍，高楼连阁""造起大舍，高楼临道""仙人好楼居"等人们津津乐道的词语。百姓都住得上这样的房舍，那皇帝的未央宫、九庙、灵台、明堂和辟雍等国家重要建筑物的规模，就更是高高大大的。与低矮的房屋相比，这种把地基垫得高高的大型建筑物对地震有放大效应，反应会更强烈。悬挂物放在这里，摇晃更会持久不停。这一切被张衡这位有心人看在眼里，记在心中，最终发明了地动仪。

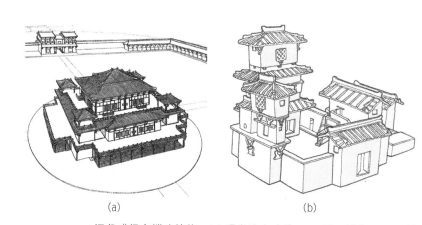
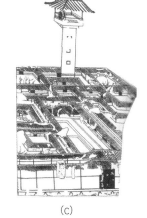

(a)　　　　　　　(b)　　　　　　　(c)

汉代盛行高楼建筑物。(a)明堂辟雍建筑；(b)民居楼房；(c)望楼和楼顶的悬鼓

最后，冯爷爷说："对于地动仪的研究，一些科学家在这里停止了前进的脚步，因为他们已经很好地完成了本学科范围的研究。但是对于地动仪来说，这连雏形还算不上，只不过是刚刚组装了一个强健的'心脏'而已。幸好，还有更多学科的专家们积极参与进来，进一步研究了古籍和文物，为地动仪丰富了肌体、塑造出了完整的面貌。"

吊锤好神奇啊！

知识链接

小小吊锤本领大

吊锤有可能是古人最早发明的一种测量工具。只要用绳子拴一个石块吊起来就能工作，俗称悬锤、铅锤、坠子，广泛地用于盖房屋、装门窗、竖石碑、立墓表、做木工时找正。即使在技术发达的今天，泥瓦工和一些测量仪器上仍然要使用到吊锤。

吊锤是悬垂摆的典型代表，有各种各样的变形结构，其运动规律可以用严格的数学公式表述。随着科学研究的不断深入，它的应用领域已经从简单的垂直方向测量，进一步扩展到测震、计时、导航定位、探测矿藏、自动控制等广大领域。

6 重现消失世界的地动仪

镱镱很高兴，因为看上去冯爷爷对她和哥哥在这一阶段学习中取得的成果非常满意。

潭柘的脑海中却一直在思索："冯爷爷那天最后的那段话是想说什么呢？"他一边翻看资料，一边思考着。忽然他想起来了，张衡研制地动仪有两道难关，一个是怎样将地震与非地震区分开，另一个是如何提高地动仪的灵敏度。第一个难关在冯爷爷第一次做演示实验时得到了解决。那么，第二个难关是怎么解决的呢？他立即将他的想法通过邮件发送给了冯爷爷。

6.1 古仪复原先寻书，新增文字解疑难

这天，潭柘和镱镱专程去拜访冯爷爷。

欢迎你们啊!

冯爷爷非常高兴地接待了他们："欢迎欢迎，爱动脑筋的同学们!"话不多说，冯爷爷就带着兄妹俩进入了话题。"有关地震的知识和地动仪的原理你们已经掌握了一些。我想问问，在掌握这些知识后，如果由你们来主持地动仪的科学复原，下一步准备怎样进行呢?"

潭柘说："我以前接触的1951年版地动仪展览模型，是仅凭范晔《后汉书》中记载的有关地动仪的196个字进行的复原。"

"那我们复原的时候，应该再做些什么呢?"冯爷爷问。

"嗯……"兄妹俩心想，"冯爷爷这么问，难道话中有话?"

冯爷爷笑了笑，开始介绍地动仪在近代的研究情况。

地动仪是首先得到了科学界的公认才开始进行复原。1875年，日本人服部一三从《后汉书》里记载的196个字得到启发，率先提出了猜想图，成为地动仪复原研究的鼻祖。一般情况下，科研人员最关心地动仪是如何测震的，也就是它的基本原理是什么，希望从这个古代仪器中找到一些启迪思想的东西。近百年来，国内外又相继出现了很多版本的地动仪设想图，主要用于学术研究和思想交流。但是对于地动仪的内部结构是怎么设计的，怎样进行加工的，考虑得比较少，因为这些方面超出了单一学科的研究范围。

当时学术界讨论最多的是地动仪究竟运用的是悬垂摆原理还是直立竿原理。我国的王振铎曾在1936年提出过悬垂摆原理，但最终他采用了直立竿原理，制作出目前流传最为广泛的1951年版地动仪展览模型。这也是地动仪的第一个实物模型。遗憾的是，当时这位科技考古学者没有对模型进行科学实验。他制作的地动仪展览模型在科学上只能称为"概念模型"，离地震学的专业仪器还有很大

距离。

后来，张衡故乡的河南博物院在整理馆内资料时，将注意力再次集中到地动仪。他们非常清楚多年来国内外对地动仪的种种非议。为了改变这一状况，他们根据服部一三、米尔恩、吕彦直、王振铎、李志超等人的猜想，分别制作了几个地动仪模型，但仍然无法达到测震的水平。究竟什么样的地动仪才能够科学工作？才能展现古代科技文明？才能弘扬博大精深的中原文化？为了探究真理，河南博物院四处招贤纳士。就在河南博物院心急火燎之时，国家地震局的研究员冯锐已经在地动仪的原理研究上取得了成果，并于2002年发表在学术刊物中。几经周折，河南博物院联系到冯锐。经过沟通，确定自2004年8月开始，河南博物院与冯锐所在的国家地震局联手合作，开展对张衡地动仪的科学复原研究。

"这次可不同啦！相对于19世纪的猜想图形、20世纪的展览模型而言，这回不仅要对地动仪的原理、结构和造型再次进行检验，还要真刀实枪地进行加工制作，实现从概念模型到科学模型的跨越，复原出符合古文记载、能够准确测到地震的'活'的地动仪。这次研究，调动了各方面的专家，大家团结起来，一起攻克难关，每一步都要从零想起，每个环节都要问几遍'为什么'。"

"因为准备从零起步，所以复原用的资料也要重新搜集，因为单一史料难保准确，这叫作'孤证不立'。也就是说，如果只有一条证据支持某个结论，这个结论是不充分的，至少还需要另一份资料来佐证。孤证不立的适用范围很广，如法院审判、考古学、考据学，以及在科学研究中为证明某个结论，会从不同的角度设计实验或寻找证据。"冯爷爷解释道。

"这么说，并不是所有失传的仪器都能进行复原？"潭柘似有所悟。

"是啊，中国历史上失传的仪器很多，只有少数才能进行科学复原。复原的深入程度要和能够获得的资料的质量相匹配。"冯爷爷不知不觉地又讲起了故事。

研究组的专家们钻进国家图书馆的善本特藏库查找资料。那里用特殊技术保存着印刷术发明之前的手抄本和雕版本古书，都是古老的宋朝孤本古籍。工作就像大海捞针一样，要从整箱的胶片中一一挑选，再通过特殊屏幕逐列阅读，个别古书和资料尚存在台湾故宫博物院和美国等地。经过这些艰苦的查阅，最终查清了地动仪在历史记载上的来龙去脉。

从汉末220年到南北朝557年间，共有13种重要的史书涉及地动仪，但流传至今只有10种，而且仅《后汉纪》《后汉书》两本比较完整。幸运的是，在西

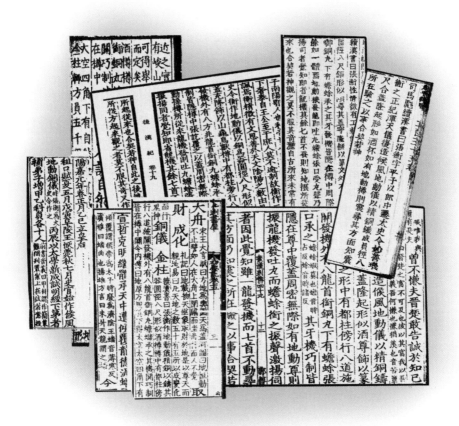

善本里有关地动仪的史料记载

晋司马彪（？—306）《续汉书》的残本里发现了记载地动仪的段落，比范晔（398—445）的《后汉书》早了约150年，而且，其记载更接近历史原貌，词句明确，参考价值很高。其后，东晋袁宏（328—376）的《后汉纪》中对地动仪有更完整、准确和细致的记载，包含的技术部分文字量也最多。在范晔的《后汉书》之后，南北朝（梁陈时期）虞荔（503—561）的《鼎录》中也有不同的记载内容。

　　冯爷爷从资料柜里拿出善本的复印件，说："这些文字记载说明地动仪不止一次工作过，它的真实性和科学性毋庸置疑。将所有文字拼在一起，一共得到了254个字。"

　　兄妹俩仔细地阅读着上面的文字。

阳嘉元年，秋七月，史官张衡始作（候风）地动铜仪。

以精铜铸其器，圆径八尺，形似酒樽，其盖穹隆，饰以篆文、山龟鸟兽之形。樽中有都柱，傍行八道，施关发机；外有八方兆，龙首衔铜丸；下有蟾蜍承之。其机、关巧制，皆隐在樽中。张讫，覆之以盖，周密无际，若一体焉。如有地动，地动摇樽，樽则振，则随其方面，龙机发，即吐丸，蟾蜍张口受丸。丸声振扬，司者因此觉知。虽一龙发机，而其余七首不动，则知地震所起从来也。验之以事，合契若神，来观之者，莫不服其奇。自古所来，书典所记，未常有也。

尝一龙机发，而地不觉动，京师学者，咸怪其无征，后数日驿至，果地震陇西，于是皆服其妙。自此以后，乃令史官记地动所从方起。

张衡制地动图，记之于鼎，沉于西鄂水中。

"太棒了！"镱镱高兴地跳起来。

潭柘接着说："这一下子增加了 58 个字。古人惜墨如金，那实际上增加了不少内容呢！"

冯爷爷听了，面露微笑地说："对！新增加的文字至少解决了 12 个长期争论不休的谜团。有了这几本史籍的'撑腰'，地动仪的复原工作才放心地展开。"

6.2 逐字研究古文字，逐句考察古实物

"怎么确保把文字变成实体，并且还不走样呢？"潭柘和镱镱都小心翼翼地问着冯爷爷。

"这个问题是存在的。"冯爷爷诚恳地说，"在复原过程中，从古文的第一个字开始，逐字逐句地刨根问底。关键在于通过文字寻找实物旁证，参考实物资料和定量数据来逼近历史。"

（1）汉代标尺刻度精

"你们看，这是什么？"冯爷爷拿出几张照片问兄妹俩。

镱镱接过照片，仔细地端详起来："真好看，比我们用的尺子还漂亮。"

冯爷爷说："对，这是汉代的尺子。它们非常精致，像一件件艺术品，尺子上还标有十等分的刻度。"

接着，冯爷爷又滔滔不绝地讲述起来。

史书中的第一句话"圆径八尺"，这是复原研究工作"刨"的第一个根——找出汉代长度标准。现今出土的东汉尺子是所有朝代中数量最多的。研究组查到全国有86支东汉尺的资料（铜尺58支，骨牙尺25支，以及民间的玉尺、竹尺和木尺）。其中，80%的尺子长度在23～23.6厘米，平均23.1厘米。因为制作

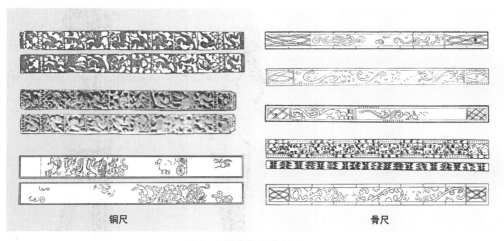

铜尺 　　　　　骨尺

东汉鸟兽纹铜尺和骨尺

材料的缘故，铜尺变形小，平均长度为 23.34 厘米；骨尺差异较大。不过在河南一带，特别是在京师洛阳和长安地区出土的 14 支骨尺，精工细作，纹饰优美，长度的差异非常小，这些骨尺的平均长度也是 23.34 厘米。说明 23.34 厘米接近当时一尺长度的官制标准。

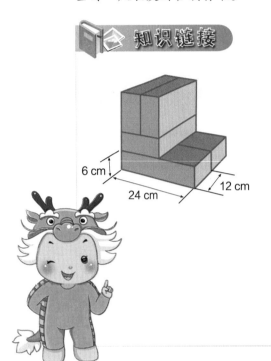

知识链接

中国砖的文化含义

在我国，尺的长度随时代的变迁而逐渐增大。现在的3尺等于1米。但是，盖砖瓦房用的砖的尺寸延续了"秦砖汉瓦"的标准，始终保持着长24厘米，宽和高依次折半为12厘米和6厘米的标准。因为人们都希望盖的房屋能使用百年以上，维修用的砖的尺寸就不能改变，所以秦汉的长度尺寸保留至今。

砖还是古代老百姓测量长度的便捷工具，是中国文化中独有的亮点。

将东汉"八尺"换算成现在的国际单位，为 1.87 米。我们把每个酒樽的圆径作为一个单位，测量其他各个部位的比值，再汇总所有酒樽的测量数据，分别求出各相应部位的平均值，整个地动仪的实际尺寸就容易推算出来了。

听到这里，镱镱不由自主地打量了一下身边的哥哥。潭柘立即把两臂向两侧伸展开，说："这样看更方便。"

真有意思，身高一米八七的潭柘两臂侧平举后，两个中指尖的距离与身高基本相同，折算为"八汉尺"。

"张衡制造的地动仪好大呀！"这么一比较，镱镱对地动仪有了感性认识。

哦，"八汉尺"有这么长啊！

（2）樽体比例含"黄金"

　　史书中的第二句话为"形似酒樽，其盖穹隆"。何为汉代酒樽呢？对此，考古界一直没有定论，百余年来出现了各种各样的设计。直至 1962 年，山西右玉出土了两件西汉晚期公元前 26 年制造的重要青铜器，分别刻有铭文"剧阳阴城胡傅铜酒樽，重百廿斤，河平三年造"和"中陵胡傅铜温酒樽，重廿四斤，河平三年造"，两件器物出自同一工匠胡傅。考古学家们这才恍然大悟，原来在汉代冥器和画像石中多次见过的这种器物就是史书中说的酒樽。

　　在河南博物院、河南文物所、北京大学以及台湾故宫博物院的协助下，研究组搜集到了 18 件汉代珍品资料。除 8 件盆状酒樽外，另外 10 件精妙绝伦的温酒樽都具有明显的共同特征：穹隆顶盖，下有器足承托，表面有山龟鸟兽纹饰。这令大家吃了一惊，地动仪不也是"长"得这个样子吗？简直如出一辙！呵呵，地动仪的外形就是它了！

　　专家们怀揣着激动的心情，对这些宝贝逐一拍照，详细测量，又发现了一个神奇的事情。一些酒樽的造型竟然符合黄金分割比例——1：0.618 这个公认的最具有审美意义的比例。多数酒樽的直壁高度 D 的数值是圆径 F 的 0.62，其中一

(a) 外貌图片

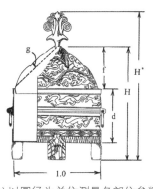

(b) 以圆径为单位测量各部位参数

(c) 三处黄金分割比例

汉代凤钮禽兽纹樽

件酒樽的圆径 F 的数值又是总高度 H 的 0.62，凤鸟的高度 h 是半径 R 的 0.6 左右。这下，专家们心中有数了——地动仪复原模型当然也要保留这个特点！

根据每一个器皿总高度、直壁高、器足高、顶盖的圆弧度等尺寸比例特点，专家们不但推测出了复原地动仪各个部位的尺寸，而且推测出了复原模型的龙机（杠杆）长度、龙头位置，再从这些数值中推算出铜丸掉落到蟾蜍嘴里的时间、

希腊帕特农神庙存在的黄金分割比例

汉代酒樽的造型

最大偏移量，进而计算出蟾蜍的嘴巴应该张开多大、蟾蜍的高度。根据龙机长短臂的数值，还反推出使它转动的作用力的大小、小关球的直径。同时，反推出惯性力的大小、都柱应有的基本质量、直径和高度，估算出悬挂都柱的振动周期在2.5～3.0秒，预计地动仪的观测会有共振放大效应等。

（3）东汉柱体有参照

史书中提到"中有都柱"，而柱体的形状通常是用高度和直径之比来衡量的。东汉柱子的高径比多数在1.4～3.4，较为修长的可达6.0。研究人员发现，张衡时期修建的陵墓中立柱体高径比的范围在3.8～6.0，西汉茂陵墓柱体的高径比为3.8。这些参数也要用到复原地动仪的模型中。

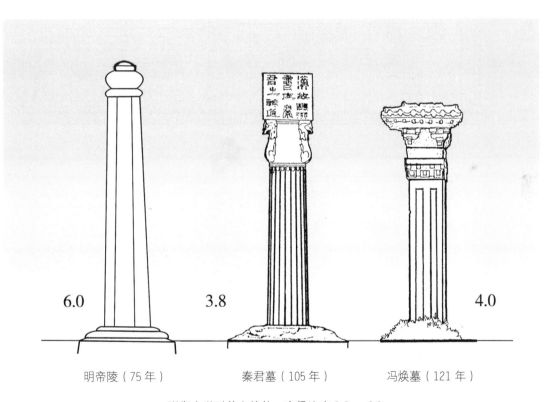

明帝陵（75年）　　　　秦君墓（105年）　　　　冯焕墓（121年）

张衡在世时的立柱体，高径比在3.8～6.0

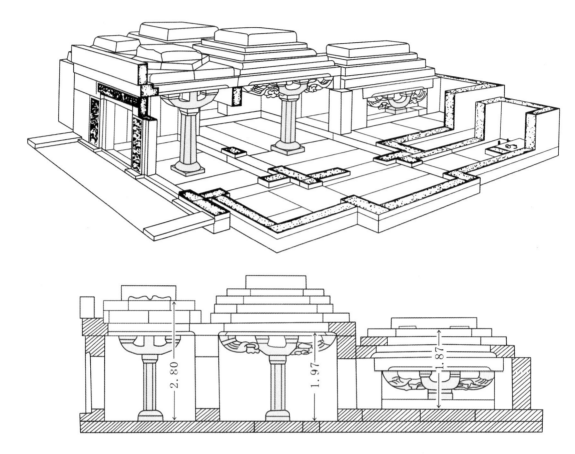

西汉茂陵墓的结构及柱体（图中数字的单位为米）

（4）灵台确认蟾蜍藏

　　冯爷爷又陆续拿出许多现场工作照片和一幅大图。指着那幅大图，他介绍说："我们到灵台考察过三次。这幅灵台地基图是根据1975年对灵台的考古发掘绘制的。"从展开的图上，潭柘看到灵台的台体为双层方形夯土台，下层台体高约八汉尺，地动仪置放在二层西侧北间，灵台顶层是宽阔的平台，显然是古人专门用来观象和祭天的地方。

　　"冯爷爷，这里还凹进去一块儿，古人的土地有那么紧张吗？"潭柘问道。

　　冯爷爷笑着说："汉光武帝在56年开始修建灵台、明堂、辟雍等文化建筑群，59年开始启用灵台。而地动仪是在汉顺帝132年问世的。灵台的观测室原来没有规划出它的位置，所以需要临时调整。当时把灵台西侧的五间房屋合并成

灵台复原图

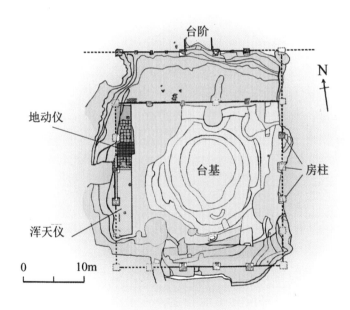

灵台平面结构图

两大间，每间长约40尺、宽9尺，南边的房间安放浑天仪，北边的房间安置地动仪。地动仪的圆筒直径就占了八尺，于是又向台体内侧局部挖进去一尺，才凑出了十尺见方的空间，那也很拥挤。你们看，蟾蜍是不是只能藏在地动仪下面露个头，驮着地动仪？这样置放蟾蜍，是不是与史料的记载完全吻合？这个房间也

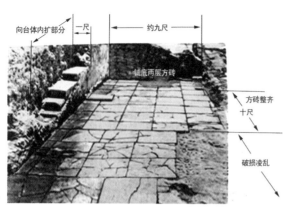

地动仪室的地面用2×2尺大
方砖铺地两层，整齐部分形成
10×10尺的坚固地基

灵台其余房间的地面仅采用小
砖作"人"字形铺设

是灵台上唯一用大方砖铺敷地面的地方，并且非常认真地铺了两层地砖，保证地面足够牢固。"

"研究组根据灵台地基样品的压力测试，估算出地动仪的总质量不会超过5吨；根据础石尺寸和房间高度，推算出房柱的高径比不会大于8；根据地质条件和地基高度，判断出天然噪声水平和地形放大系数的范围……这一系列数据成为后来科学实验时的重要参数。"

"地形放大系数？就是说灵台地基也能帮助地震波放大振动？"潭柘想确认一下。

"对。为了降低噪音干扰，现代地震仪都是把仪器放在僻静山洞里的岩石上，再通过电子放大仪来观测。但地动仪的观测却反其道而行之，置于洛河岸边的土层台基上，地震信号和地表噪声都会被放大，有利于验震观测。你们知道吗？当时的灵台附近还有太学、辟雍和明堂等建筑，在太学就读的学生当时已达3万人。它的周边非常热闹，天天车水马龙的。幸好地动仪是验震器，这些垂直方向的干扰对它来说没有影响。"冯爷爷做着解释。

这一天，冯爷爷讲了许多，兄妹俩的大脑中充满了图片、文章、数据、材料，顿觉一时消化不了。回到家后，兄妹俩埋头苦干，继续查看资料，对冯爷爷讲述的内容好好地复习了一遍，却又生出许多不解的问题。

一天，潭柘忽然想起了什么，对镱镱说："地动仪的樽、柱都有参考物体，不知道对于记载的关键环节'施关发机'和'牙机巧制'，冯爷爷和专家们是怎样进行复原的。"

"'牙机巧制'？难道是像大门牙一样吗？"镱镱瞪大了眼睛问。

说完，兄妹俩都乐了，决定过几天再去拜访冯爷爷，仔细请教。

6.3 一字之差误千年，关牙灵巧啃骨头

按照约定，一个周末的上午，潭柘和镱镱又来到了冯爷爷的办公室。

一见面，兄妹俩向冯爷爷汇报了这几天的学习成果。潭柘问："冯爷爷，我还有很多不解，张衡究竟是怎么提高仪器的灵敏度的？另外，您以前讲的'我们还没有能力对张衡地动仪悬挂摆的施关发机和牙机巧制做出更具体的复原'，这个问题到底解决了没有？"

"这两个问题是紧密联系在一起的，长期没有得到解决。因此，虽然明确了地动仪的原理，但在结构复原上仍然寸步难行。"冯爷爷说道。

"困难主要来自两个方面。一方面，原始资料上语焉不详，问题出在'施关发机，牙机巧制'几个字。从这几个字可以联想到'关''机''牙''机关''牙机''龙机''牙关'等多种结构。"冯爷爷说，"我

们甚至尝试着根据字面的意思，做了一个类似大门牙的都柱，但矛盾很多，并不成功，最终只好废弃。另一方面，力学分析上动力不够。就陇西地震而言，要想用悬垂摆来直接推动龙机的一系列动作，不仅位移量不够，能量上也会相差几百至几千倍。"

随后，冯爷爷话题一转，又讲起了故事。

1783 年，意大利人 Salsano 曾经设计了西方第一个悬垂摆验震器。摆锤四周放置了几个小铃铛来监测那不勒斯地震，想用摆锤撞击铃铛的声音报告地震，结果因摆锤动力过小而失败。因此，国际上对张衡的发明总是感觉不可思议：一个古代的纯机械结构怎么能具有这么高的灵敏度，同时还能有很强的抗干扰能力呢？张衡有没有在技术上采取过特殊的办法？大家都很关心这个问题。这既是检验史料又是判断地动仪可靠性的一个重要旁证。

冯爷爷诚恳地讲着："陆游说得好，'山重水复疑无路，柳暗花明又一村'。这要感谢司马彪了，是他道出了实情。"

（1）"关""牙"之辨

司马彪本是西晋司马氏皇族，高贵的身份使他能接触到宫藏文档，《续汉书》成书于东汉灭亡后的85年，更接近原始资料。他的原文是："施关发机……其机关巧制，皆（隐）在樽中。"在一代代人的传抄中，到《后汉纪》和《后汉书》编书的时候，变成了"施关发机，其牙机巧制"，"关"字改为"牙"字。抄书人的一字失误引得后人千年迷惑。

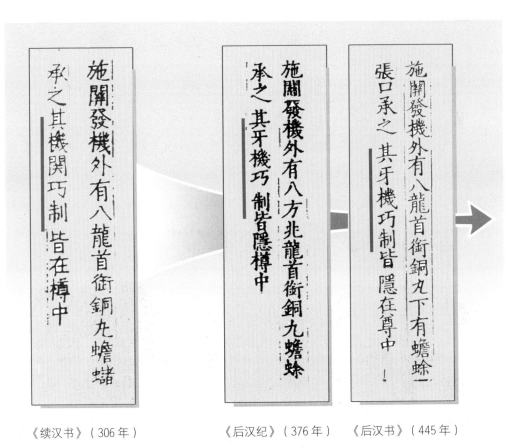

《续汉书》（306年）　　　《后汉纪》（376年）　　《后汉书》（445年）

三份古文献中对地动仪记载文字的对比

因此真实情况是，地动仪里"机"和"关"是两个独立的部件。一个"关"字，使地动仪的"柱、关、道、机、丸"五结构体系得以明确。

《庄子·外篇·天地》有"凿木为机，后重前轻"之说，"机"就是杠杆。汉代还有弩机，"横弓着臂，施机设枢"，机的结构也是杠杆。"施关发机"，就是都柱施力于关，引发于机。关为因，机是果；先触发，后放大。

古代的杠杆。史书有"凿木为机，后重前轻"之说

出土的汉代弩机，主要为杠杆原理

（2）详细解释"关"

"关"为何物？张衡同时代有位学者，在张衡调任公车司马令的 121 年，历时 21 年完成了汉字字义字形的系统编纂，成书《说文解字》，他就是字圣许慎（约 58—147）。书中解释，"关，以木横持门户也"，即门闩，也就是横插在门后、使门推不开的棍子。

门户上的小横木，即为古文的"关"，本义为门闩

　　大约从战国开始，形形色色的"关"已经应用到箱盒、宅门、殿门、城门和弓弩上。最令人赞不绝口的是地宫门闩的设计。比如，满城汉墓采用矩形铜材，单侧灌铅做了加重，可以单方向偏斜转动；有的用圆球代替，从高向低滚入圆坑，在内侧顶住石门；有的用条石落锁，或在门的上方横置一个铜材暗闩。由于"关"能够简单有效地改变整个结构的状态，不少古代仪器也都采用这种技术措施。它们的材质、形状和运动方式不尽相同。

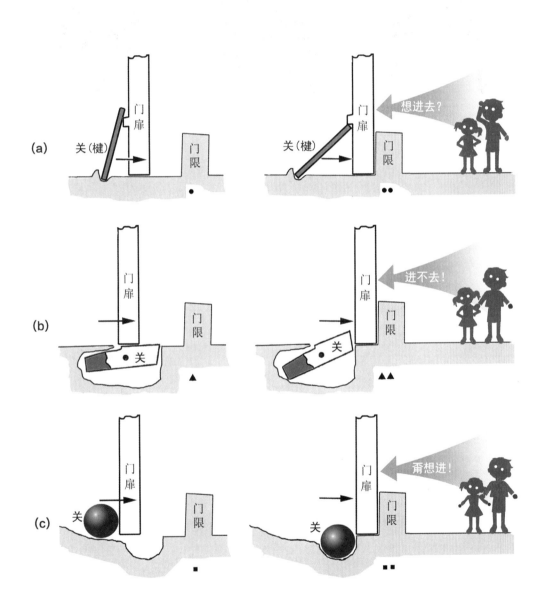

地宫中不同形式的"关"。(a) 条石倾倒；(b) 单侧扭转；(c) 石球滚落

"关"有几个? 从史料写作特点看,凡属多件者,都有明确交代。比如,"外有八龙、傍行八道",则龙和道各8件;"龙首衔铜丸、龙机发",则丸和机也随着龙的配置而各有8件。唯独"柱"和"关"没有说,所以只能认为是1件。它们都位于仪器中央,彼此紧靠,才能发挥作用。张衡采用触发机构来检测微弱信号的思想开始显现出来。

(门)　　　　　　　　　(开)　　　　　　　　　(闭)

门闩的象形字。门字里面的小横杠代表横木"关";"开"字,是用两只手拉开"关",门就打开;打一个竖道改变"关"的状态,门就"闭"合

"关"是一个极其轻小而灵敏的结构,只要它的状态稍微变化,就会导致巨大能量的释放或封闭,而推动它的作用力却可以很微弱,位移量也可以很小。用"四两拨千斤"来形容它,再合适不过了。显然,张衡确实遇到过与我们今天同样的问题。他基于大量的实践才会有如此深刻的认识。"关"的引入是张衡提高悬垂都柱灵敏度的关键措施,非常简单、有效。他制作的另一个仪器——浑天仪也有"关",呈圆柱状或圆球状。地动仪中的"关"取为球状,更符合当时的工艺水平。

小关球置于锥尖上,时刻处于不稳定的极端状态(也就是说,灵敏度近于无限大),必须用悬挂的都柱控制其状态。都柱和关的组合不仅保持了悬垂摆的验震性能,更极大地提高了测震灵敏度。从能量释放来看,只要都柱轻微地施加水平作用力于关,关球就会沿着"八道"之一出落。它的能量足以推动"龙机"转动,进而引起铜丸更大能量的释放,振动蟾蜍扬声报警。与西方18世纪的验震器相比,地动仪已经能够同时实现高灵敏度的观测和保留测震的物质证据。这对后人的思想启迪和震撼是巨大的。

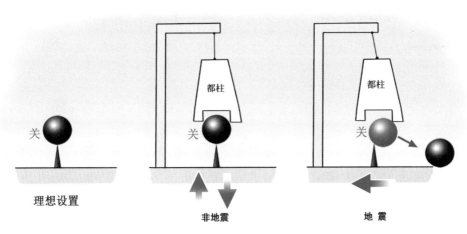

理想设置

非地震

地震

地动仪的"关"。关球置在锥尖上，需要用悬挂都柱控制；对非地震干扰（垂直运动）有良好抗拒能力，只对地震的水平运动有反应，灵敏度极高

知识链接

"闭"字和"关键"一词的由来

门上的"关"和"楗"结构构成了汉字"闭"

　　古代闭门要靠两个结构，横插的小木条叫"关"，竖的叫"楗"（也叫锁，以后写成金字旁的"键"字），二者呈倾斜状的"T"字。古语中的"拨关而去""斩关落锁"，就是指它们。故象形文字"闭"的内部逐渐由"十"写成"才"字。闭是动词，有成语闭关锁国、闭门造车、闭目养神等。关和楗虽然很小，但起着控制大物件两种状态的作用。于是，后人把解决困难、转变局面的要害称为"关键"。

6.4 工作状态恢复奇，完成内部设计妙

凡是科学仪器必有调整结构和重置措施。地动仪测震后，如何恢复到原位继续工作呢？这是迄今所有模型都未做考虑的环节。这次的复原工作必须对此加以解决。

史料说"龙首衔铜丸"。也就是说，龙首处的铜丸是可以直接放回龙嘴，被它"衔"住的。

关球怎么办呢？铜比铁的质量大，仅铜盖子的质量就达 300 千克，该不会让灵台上的 42 个公务员都来帮忙掀开这个大盖子吧？地动仪主体 3 米多高，人怎么进到里面？就算人能进去，可怎么出来呢？

再仔细审视史料："X X张讫，覆之以盖，周密无际，若一体焉。"这里缺失的两个字"X X"是什么呢？从上下文关系来看，它与顶盖是对应的，一直处于张开状态，而这种状态必定有功能作用。既然仪器需要加盖密封工作，还要用丸声振扬来报警……这个问题类似一个脑筋急转弯：你待在一个密闭的屋子里，屋子没有窗户，只有一扇关闭的门。你的任务是走到屋外。推门，门却纹丝不动，而你又不能破坏门。该怎样从屋里走出来呢？

哦，原来是这个办法呀！

门推不动，可以改成拉开门，把门拉开就可以大步地走出屋子了。同样，地动仪不适合掀开盖子，可以考虑从底部将"关"放回原位。史书说地动仪形似酒樽，毕竟它不是真的酒樽，无需盛酒。合理的解读就是地动仪唯独樽底没有密闭，如同古钟般地一直敞开着。这样，各项问题就可以迎刃而解了。

根据酒樽实体的测量数据，器足托起樽体的高度应在 40 ~ 60 厘米。观测者从底部进入樽体游刃有余，可以方便地完成安装、维修和重置等任务。

综合各项考证，地动仪的内部结构渐渐地浮出了水面，尽管这仍是一个概念模型。

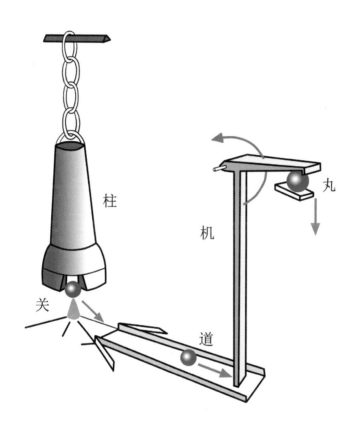

地动仪内部结构设想图。这幅图是科学家们的又一个草稿，还属于概念模型阶段。发现没有？这个设计仅是龙头动，距离"龙舌吐丸"还差那么一步

潭柘和镱镱听得聚精会神。随着问题的逐一解决，他们几乎同时松了一口气。

冯爷爷拿出工整地绘制有各个部位的地动仪设计草图，展示给潭柘和镱镱看。兄妹两仔细地欣赏着，赞叹不已。

潭柘感慨道："图上对每一个零件的设想，都是由研究人员的滴滴汗水凝聚而成的啊！"

镱镱跟着说："是啊，地动仪正一步一个脚印地初具雏形呢！"

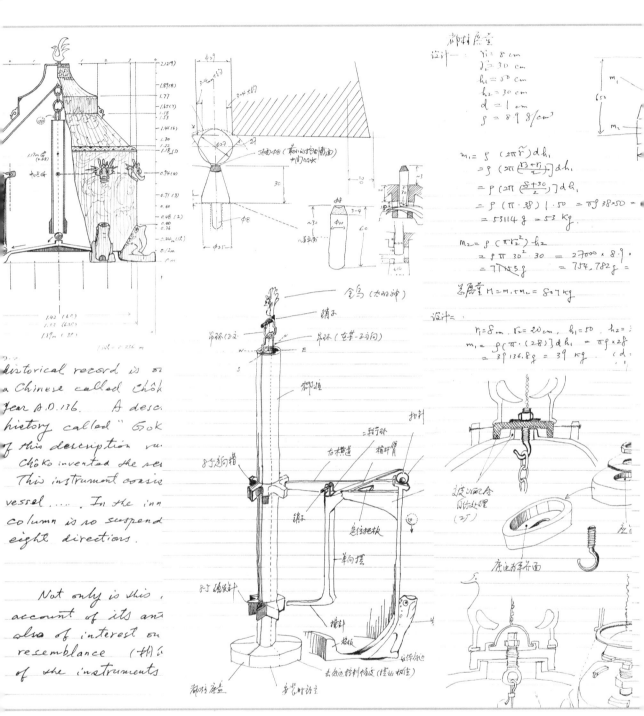

historical record is s?
a Chinese called Chŏ
Year A.D. 136. A desc.
history called "Gok
of this description ru
Chŏko invented the se.
This instrument consis
vessel ..... In the inn
column is no suspend
eight directions.

Not only is this .
account of its an?
also of interest on
resemblance (相似)
of the instruments

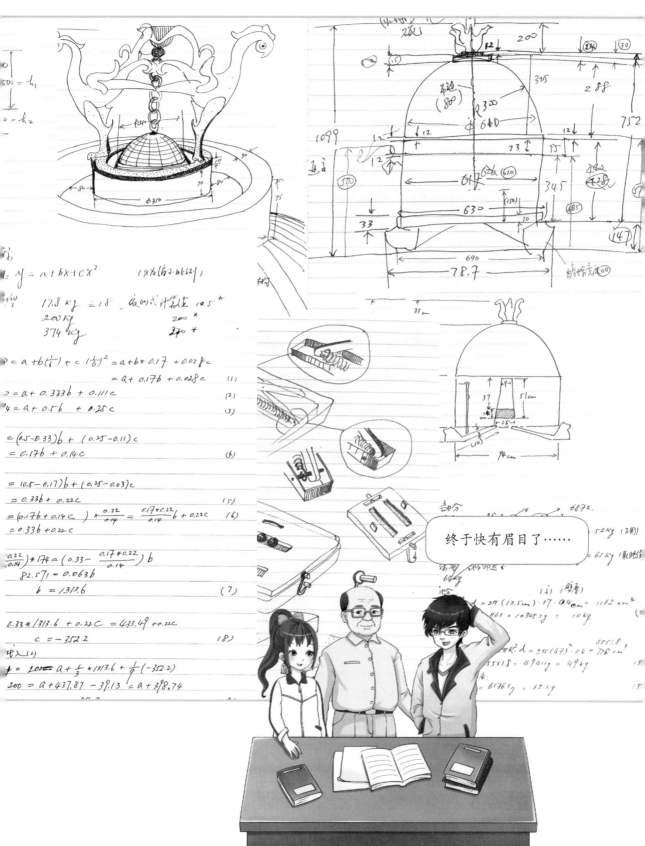

终于快有眉目了……

7 科学研究重现历史光辉

培根

假期快结束了。地动仪复原是如何突破前人研究的瓶颈、实现科学验震的，这个问题始终萦绕在潭柘和镱镱的脑海中。这不，兄妹俩又兴冲冲地来拜访冯爷爷了。

只见冯爷爷神秘地说："今天，我向你们介绍一位好朋友。他也是我的老师，已经很老很老啦。虽然他人来不了，但是留下了一句话——知识就是力量。"

潭柘和镱镱不约而同地叫了出来："大哲学家培根说的！"

"对！就是培根。"冯爷爷介绍说，"培根（1561—1626）是欧洲文艺复兴时期的哲学家和科学家。马克思称他是'英国唯物主义和整个现代实验科学的真正始祖'。他推崇的科学进步思想'读史使人明智，数学使人精密，物理使人深刻'，影响了一代又一代人。"

冯爷爷接着说："你们已经读过历史，知道了张衡，也了解到地动仪的基本结构分为柱、关、道、机、丸五部分，还看到了复原模型的初步设计。但这些仅仅是粗糙的、概念性的东西，既不精密，也不深刻。若要让它符合历史，还必须再迈出艰难的两步，这就是培根所说的数学和物理。具体来说，一是要对史料信息进行量化分析，心中有'数'，有数量才能有质量；二是要完成模型的物理实验，通过科学实践来深化认识。最后，才能真正实现古代仪器的科学复原，理解张衡地动仪伟大贡献的意义。"

7.1 数学使人精密，量化分析古文献

模型初步建立起来并不意味着它必然能测到陇西地震。这个教训也许是前人留下的最大财富。

史书中有关地动仪的记载共包含四部分内容：历史背景（约占 25%）、外部造型（约占 12%）、内部结构（约占 13%）和应用情况（约占 50%）。古人在描述地动仪时，全文只用"圆径八尺"说出了它的大小，其他地方该是什么尺寸并没有交代，也不知遗失的结构图样里会不会有。至于后人关注的工作原理等属于现代科学的抽象概念，需要进行复原研究才能明确。好在史料的记载比较客观、真实。

从科学的角度讲，都柱的质量必须在合理的数值范围内，重了会压坏顶盖，轻了会控制不住小关；都柱的形状也不能随意，高径比值要符合汉代柱子的一般特点；龙机是杠杆，长臂和短臂的比值也不能马虎；龙球的直径和质量又该是多少才合理？再加上其他细节，都离不开数学这个得力助手进行精确计算。它们直接关系到模型的正常工作和灵敏度。另一方面，史书上讲"地震陇西，地不觉动"，于是陇西地震的波动参数也不能随意设定。它是模型测量精度的检验标准，是非常关键的数据。新复原的地动仪必须至少能测到"地不觉动"的陇西地震。

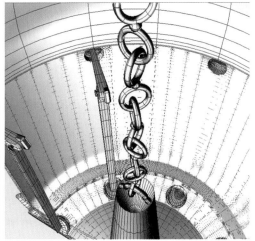

地动仪复原模型的设计草图

"可是，陇西地震已经过去两千年了，还能搞清楚吗？"潭柘着急地问。

"穿越时空？"镱镱转动着眼珠子想。

"可以的。"冯爷爷像变魔术似地展开了几张图，介绍了下面的内容。

　　大自然当然不是静止不变的，但是自然现象的客观规律却是不变的。在同等观测精度条件下，自然现象会表现出可重复性，成为人类认识自然现象、沟通古今科学思想的桥梁。当然，现在能够从科学的角度解释自然现象和自然规律，认识也更为透彻。

　　处于地震活动带的陇西地区至今仍然地震频发。科学告诉我们，地震波的基本规律是不受时间和地点影响的。地动仪能测到东汉时期发生的地震，当然也能测到今天发生的地震。掌握今天的地震波规律，就能认识古代的地震现象。这里说的地震波规律不变，在微观上主要指三个内容。一是波动信号到达观测点的先后次序不变，总是按照纵波—横波—面波的顺序，反映其传播速度不变；二是它们的质点振动方向各不相同，但与波动传播方向的关系却是固定不变的；三是横波和面波的振幅和能量总是最大的，并且在远离震中区的地方只有瑞利面波信号。在宏观上的规律主要指各种宏观现象都可以归类到某一等级的烈度上，其相应的加速度和频率范围不会改变，震级和烈度的衰减关系不变。所有这些都有严格的、成熟的数学物理依据和观测证据。

　　相比之下，古人对地震的观测精度非常低，不过是些土岗崩滑、墙体坍塌、物体摇晃，或者有没有震感等简单的宏观现象。今天的地震，同样会重复这些现象，并为人们所亲历。不同之处在于，现代地震学对现象的掌握更全面、更深刻，并且国内外早已具备成熟的技术，可以通过一系列的参数对这些宏观现象加以定量描述、分析和评估。有了这个基础，足以计算出134年陇西地震的各有关参数，把握住量化分析的合理尺度。下面用几个简单材料来加以说明。

　　先从宏观对比看。陇西地区7级左右的地震确实会对洛阳造成烈度为Ⅲ～Ⅳ的影响，即人员刚有震感或者普遍感到摇晃的程度。大一点的地震，比如1879年文县8级地震，洛阳房屋刚出现轻微裂隙（烈度Ⅳ～Ⅴ）；再大一点的地震，比如1920年海原8.5级地震，洛阳已经出现了房屋破坏和一定程度的灾害（烈

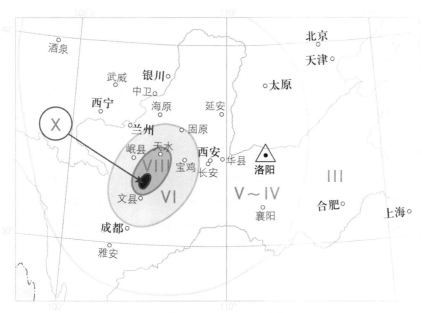

1879 年文县 8 级地震影响范围

度为Ⅴ～Ⅵ）。更小的地震，比如 2013 年岷县－漳县 6.6 级地震，洛阳处于完全无震感的水平（烈度为Ⅱ～Ⅲ）。这样，可以大体判断张衡所遇到的陇西地震大约在 7 级。当然，这个数值最后要由地震学的理论关系确定，将会计入能量损耗、震级、距离、方位和地区影响等因素。

1920 年海原 8.5 级地震影响范围

再进行微观分析。看一看近十年洛阳地震台对陇西地震的记录图。可以发现，优势波动一直是瑞利面波 R，它的振幅最大，周期和持续时间也最长（可达 2 分钟以上）。其实，这些地震的震级不同，释放的能量相差千余倍。但是地震波的几条规律始终没有变化。至于地震记录中的微扰、波形等小的变化，不具有讨论的意义。根据这些资料，可以推算出 134 年陇西地震的理论复原地震图，得出它的震级范围为 6.8 ~ 7.0，洛阳的震中距为 500 ~ 700 千米，地震烈度为 Ⅲ ~ Ⅳ，直达纵波已经消失，微弱的初动信号是来自地幔顶层的首波 Pn（只有垂直方向的位移，没有水平分量，加速度在毫伽的数量级），横波的水平最大加速度不超过 1 伽，面波的最大位移量为 6 ~ 8 毫米，洛阳非地震性的垂直向干扰可达 600 ~ 800 伽……

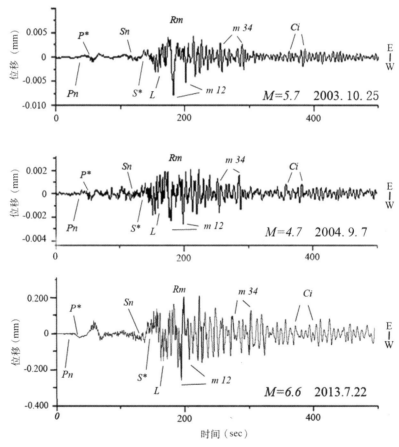

洛阳地震台记录到的三次陇西地震。时间相差十年，释放能量相差千余倍，地震波的传播规律完全没变。初动为首波 Pn，没有水平位移量，横波垂直于震中，面波为主

见镱镱和潭柘听得出神，冯爷爷接着说："至此，我们获得了两类定量数据，一类是复原模型的，另一类是陇西地震的。但是，这个阶段的模型数据仍然属于推测值，还需要通过地震实验加以改进，最后使两类数据变成统一体。"

7.2 物理使人深刻，科学实验定模型

这天，潭柘和镱镱一大早就起床了，积极准备各自的行头。今天要跟随冯爷爷到实验室实地参观地震实验，兄妹俩都兴奋不已。

来到北京工业机械自动化研究所的实验室，就像走进了一个大工厂。厂房内面积很大，挤满了高的、矮的、胖的、瘦的各种叫不出名字的设备，再加上数不清的钢管、电缆，留出来走路的通道可以用蜿蜒曲折来形容了。空中轨道上，天车在不时地运送着一个个器件。地面上，人们忙碌地调试着各种设备和仪器，整个工作氛围秩序井然，忙而不乱。

冯爷爷带着兄妹俩来到一台仪器前。在橘红色的台子上，有一个非常显眼的黄色柱体被吊挂起来，旁边还有各种配套的装置。实验员在屏幕前用键盘操控着，随着实验的进行，小钢球反复地掉落下来。

冯爷爷介绍说："这是在对地动仪的都柱运动做结构实验。随着小钢球的反

在北京机械自动化研究所实验室对地动仪复原模型做结构实验

测试都柱的实验。黄色的都柱挂在振动台上

复掉落，可以得到大量的实验数据。"镱镱和潭柘都瞪大了眼睛，专心地观看起来。

冯爷爷接着解释道："自然界有很多现象是稍纵即逝、难以重复的，比如闪电、爆炸、碰撞、地震以及机械干扰等。但是，在实验室里可以反复重现这些现象，帮助我们掌握它们的规律，为设计和制造提供大量必要的可靠信息。"

冯爷爷指着屏幕上的图形，说："根据地震学方法，推算出 134 年陇西地震的理论复原地震图后，将这个陇西地震和 5 次真实地震的记录图分别输入计算机，振动台可以如实地再现当时地面的运动情况，而且是三维立体的。通过它，我们对地动仪模型进行了反复检验。"

"实验过程清楚地显示，地动仪中真正需要精益求精的部件其实只有两个——关和机。因为都柱的惯性力要通过它们来传递，最后让龙嘴吐球，所以这两个部件的造型、位置、大小、质量、动作必须非常准确，只能通过实验反复调整到位。复原工作进行到此时，大家对地动仪的史料描述感同身受。史书里只说'机关巧制'，却没有讲'都柱''八道''龙球'巧制，说明张衡也有过大量的实践，才会有如此一针见血的记录。"

镱镱看得专心、听得专心，问题也像连珠炮似地提了出来："冯爷爷，这个真实的地震场地的运动可靠吗？听说根据实验结果，多次改进了地动仪的设计。是吗？"

实验室正在调运并安装原大地动仪模型

　　冯爷爷听了非常开心，夸奖镱镱懂得质疑，肯定道："在复原过程中，模型设计的确是需要不断改进的。"

　　不久，兄妹俩又跟随着冯爷爷来到北京工业大学的地震学专业实验室。这里是国家重点实验室，仅内部空间就有四层楼高。宽大的振动台上竟然可以盖房子做实验，巨大无比的水泥构件、桥梁结构，还有体育场的钢梁涵架，都在这里拉开了架势，陆续开展地震实验。人员站在振动台上，那可是能感受"货真价实"的地震的！

　　在这里，研究组对 3 米多高的 1：1 尺寸地动仪青铜模型进行了更全面的地震学专业实验，包括测震灵敏度、抗干扰水平、结构动作顺序、铜丸掉落方向、仪器稳定性、制作工艺、仪器重置步骤，甚至连金属疲劳变形、铜锈影响都做了全面检查。还特别对唐山、云南、汶川、玉树、山西等 14 次实际地震记录进行了两千多次的实验。

　　古代的文字通过层层的分析，变成了量化的复原模型，现在终于得出了实测结果。地动仪复原模型的良好测震反应说明：地动仪是科学的，复原是成功的，复原模型已经获得了生命力。

　　科学实验深化了认识。对这次到实验室实地参观地震实验，潭柘和镱镱都感到很有收获，意犹未尽。

在北京工业大学对 1：1 尺寸地动仪模型进行地震学测试

7.3 造型复原更严谨，科学原理含其中

　　说来说去一直在说地动仪的内部构造，那么，它的"外衣"怎么办呢？如今有了丰富的历史资料，是否会推翻以前的猜想，从而更好地逼近历史呢？对此，潭柘和镱镱噼里啪啦地向冯爷爷问个不停。

　　冯爷爷启发着兄妹俩："你们想一下，火箭和飞机都能飞上天，为什么外形差别很大？是因为一个没有翅膀，另一个有一对大大的翅膀吗？"

　　潭柘回答说："是因为它们的动力不同！"

　　冯爷爷肯定道："对。火箭靠燃料的反推力，不用翅膀就可以飞到太空去；飞机靠气流的升力，必须有又宽又长的翅膀。科学仪器也是这样的，原理决定外型。地动仪的造型复原，只有在原理和结构落实之后，才能开始动手设计。它追求的是历史、科学、艺术的三结合，缺一不可。对此，我们要从安装在地动仪上的三大神物——凤鸟、神龙和蟾蜍说起。"

第一位是凤鸟。史载地动仪"形似酒樽,其盖穹隆"。既有酒樽,必有凤鸟。不过,汉代酒樽的凤鸟已经承载了实用功能,是作为"凤钮"出现的,可以一只或三只。凤鸟就是日神,源于远古的太阳崇拜,立在青铜器、玉雕、陶器和祭品的顶部中央,在绘画中也常见。同样的文化信仰也存在于古代的埃及、印度和墨西哥等国,都崇尚用鸟来象征太阳的至高无上。

在新的地动仪复原模型里选用了三只凤鸟。三只凤鸟尾羽相连,流畅的线条缝隙处巧妙地固定着一个铜链,高高翘起的尾羽无形中增加了铜链的长度。凤鸟振翅欲飞的优美造型正符合地震学的理想要求——在可能的条件下,悬挂点越高越好。

当初,米尔恩等人也希望能把铜链这部分吊得再高一些,但他作为来自西方的科学家,对汉代的文化背景知之甚少,单纯追求原理正确,因此,他的设计图简单地将地动仪的外形处理成高耸的直筒。在新的复原模型中,外形设计自然少不了艺术家们的功劳。

汉代酒樽上的三只凤钮造型与功能结合在一起

地动仪复原模型顶端的三只凤鸟具有悬挂都柱的功能

悬垂摆工作原理与造型的关系图。左图为米尔恩模型，右图是新复原模型

　　第二位是神龙。这是模型复原中花力气最大、也是最为慎重的造型。中国龙的造型有着"进化"的过程。汉代以前的龙更加温和拙朴，更加浪漫和平民化，而且造型非常丰富，仅现有的汉龙造型资料就不下八百多种。它既可以雕龙画栋于皇宫殿堂，也可以在百姓家里当灶台烟筒；儿童可以骑着龙儿翱翔天空，农夫也可以让它下地干活。汉龙非常自由欢快，不像明清时代有着严格的等级划分。站在地动仪模型上的龙必须是汉代时期的龙，要还原汉代器物的时代风格。

汉代飞龙大大的眼睛和翅膀，小朋友也有羽翼

| 红山文化 | 商 | 战国 | 汉 | 隋 |
| 唐 | 宋 | 元 | 明 | 清 |

中国龙的造型存在着时代演化过程

史书讲"如有地动，地动摇樽，樽则振"，表明地动仪的工作状况是处于地面震动和摇晃之中，仪器的质心高度H必须很低，不能超过底边长度B的一半。如果违背这个科学条件，仪器会在地震时整体倾翻。

如果安装全龙造型，八条龙的总质量至少高达1 900千克，不仅浪费材料而且毫无用处。这种做法还会严重破坏仪器的稳定性，而且龙首向下呈倒栽葱状，也有悖于传统习惯。各学科的专家们一致认为，地动仪属于科学仪器，不是礼器，外部仅安置龙头就可，不用安装全龙。相反，地动仪底部的蟾蜍不仅需要体量很大，而且根据传统文化添加了水波浪纹，大大降低了质心高度，保证了仪器的稳定性。现存的古代各类天文仪器几乎无例外地都满足稳定性条件，显然是古人长期实践的结果。

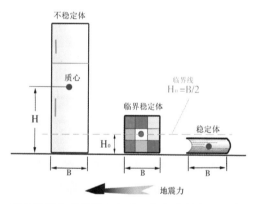

稳定临界条件是质心高度H为底边长度B之半

浑天仪的质心高度小于底边长度之半

在科学复原地动仪的时候，曾邀请到我国著名的美术家一同参与。以搜索到的汉代文物为基本依据，在艺术、风格等方面对神龙造型做了调整。再由我国权威的历史学家、考古学家和博物院专业人士进行评定遴选。几经修改、论证、定稿，其造型才千呼万唤始出来。

第三位是蟾蜍。蟾蜍是嫦娥的化身，又称月神，代表阴。体态沉稳，满背的珍珠，能伴随源源的波涛海浪带来吉祥和财宝。新发掘的史料讲"下有蟾蜍承之……蟾蜍张口受丸……丸声震扬",这说明它有三个功能,即承托樽体、张口受丸、激扬丸声。灵台的考古也证实,安置地动仪的房间十分狭窄,蟾蜍只能是器足,而不会四面散放。作为器足,蟾蜍当然要呈背内面外的状态。

不过,以前的地动仪复原模型普遍将蟾蜍摆放成一圈离散状、四面朝内的形式,与中国文化的传统风格刚好相反。这与日本人服部一三绘制的第一个模型有关。他在复原模型中引入了西方文化的风格,以后便被因袭下来。这个失误是近些年来发现的,要在新的复原模型中加以纠正。

地动仪复原模型中的蟾蜍是樽体的器足,具有三个功能

听着冯爷爷娓娓道来的有关地动仪外部造型复原过程的故事,潭柘和镱镱才知道了早期研究走过的弯路。

好漂亮啊!

建于 1689 年的法国凡尔赛宫喷泉,顶部三层的 36 只蟾蜍面内背外地围绕着拉托娜女神

今日北美喷泉普遍存在的风格

建于 1759 年的圆明园海宴堂，按西方风格有面
内背外的 12 生肖

建于 1656 年的意大利罗马圣彼得大教堂，几百件群雕呈面内背外的方式围绕四周

(a) 绝大部分的青铜器是以动物为器足，背内面外

(b) 建筑主体前的雕塑，一律背对主体面朝外，是由哨兵站岗演化而来

(c) 民宅和宫殿房顶上的仙人走兽一律面朝外，不能相反

中国古代雕塑件在摆放上的文化传统

形似酒樽

樽，古人饮酒用的器皿，分为温酒与盛酒两种，盛行于汉晋。它在上古的祭祀礼仪中扮演重要角色。

上小下大、底部沉重、底边大跨度的结构，能保证地动仪在地面震动或者使用中颠簸时保持稳定。

其盖穹隆

还记得小时候背过的《敕勒歌》吗？救勒川，阴山下。天似穹庐，笼盖四野……对！穹庐就是穹隆形的。

汉代酒樽的高宽比例在黄金分割值（0.618）附近。

凤鸟

早在公元前3 000多年的中国便有这种文化传统，凤鸟代表太阳、日神。

经过精心设计，纤细的凤鸟尾羽十分结实，强度足以一次承载5～6个都柱的重量。

八方兆、篆文、山龟鸟兽

"八方兆"即八卦，山龟鸟兽即苍龙、朱雀、白虎、玄武四神。它们与篆文都可以既代表东南西北四个方向，又可以代表春夏秋冬四个季节。

在这里的重要作用是分别指示东南西北四个方向。

蟾蜍承之

蟾蜍是可以逢凶化吉、带来好运的吉祥物。在民间传说中，三脚蟾蜍会带来财富藏宝，都藏在它背部凸起的珍珠里。蟾蜍张口……说明它有三个作用：支撑、接丸、扩音。下有蟾蜍震扬……蟾蜍承之……说明它有三受丸。丸声震扬。

龙首衔铜丸

汉代龙的性格为：飘逸洒脱，生机勃勃。龙舌固定铜丸，抗干扰能力好，并且只有机发了指令，龙舌才松开铜丸。

7.4 模型复原群出力，推广宣传受赞誉

"古人没有现代科学技术就发明了地动仪，可今天要复原它却要费这么大的力气啊！"潭柘和镱镱边走边讨论。

冯爷爷猜透了孩子们的想法，接着道："你们是在想'能不能简单点儿？省事点儿？'"

潭柘和镱镱呵呵地笑了起来。

冯爷爷解释道："如果用现代技术测震，其实很简单。采用新材料和新技术，把一个拇指大小的探测器放到海底或月球上就能工作，还能自动传输信号，技术也不复杂。问题是我们在做地动仪复原模型，要表达的是张衡的发明，重现两千年前的工艺技术，这就简单不了啦！当然，在为博物馆和科技馆制作参观和演示用的地动仪模型时，已经将它的灵敏度大幅度地降低了，以便于观众看清楚仪器的工作过程。"

冯爷爷特别强调："跨领域研究、多学科合作是科研工作的基本特点，需要我们自觉地运用和掌握。"

说到此，冯爷爷的话匣子又收不住了。

你们也看到了，多学科合作是此次地动仪复原研究工作中不可或缺的。比如，研究组在模型设计时就遇到过一个难题。龙机传递作用力时，既要有很高的强度，又不能过重，还不能在地震时出现自由振荡，干扰地动仪的工作。这个问题仅凭理论计算是算不出答案的。而这个困难居然是被负责铸造工艺的师傅们解决了。他们把杠杆的长臂铸成镂空状，里面带有双龙

要跨领域研究，多学科合作……

戏珠的花纹，短臂做成又轻又薄的龙舌头，再由铜丸压紧，精湛的技术解决了这个难题。再比如，要达到"龙首衔铜丸"的效果，需要视觉好、稳定好、复位好，机械工程师和艺术家一起开动脑筋，设计出造型精巧的龙舌头，调整了铜丸的位置，使它既好看，又不怕任何其他震动，只有在龙机大幅度旋转时才会掉落，安装复位又很简单。

通过对地动仪造型复原过程的介绍，你们也看到，没有历史学家和考古学家的投入，缺少艺术家的合作，都是不行的。否则不是读不懂古书、搞不清酒樽，就是画个龙头像熊猫、做个蛤蟆像小狗。当初，张衡制作地动仪时也不是一个人完成的，必须有灵台其他学者和工匠们的睿智才华与辛勤参与。对这个看似简单的远古发明，我们先后投入了9个单位的35位专业人员，历史、考古、地震、机械、美术、铸造等学科专家联合攻关和相互渗透，充分利用一切现代科技手段进行探索，才使模型更加合理地逼近历史。

值得一提的是，地动仪与现代地震仪间的历史链首先是由国外学者确定的，一直被视为人类文化的共同财产而受到尊重。世界性的发明必有国际性的反应，对这次张衡地动仪的复原研究，国内外同行给予了大力协助。国内做过地动仪复原模型的五位作者都积极向研究组提供了宝贵资料；中国台湾的学者三次来访，介绍了米尔恩发明地震仪后在台湾的布设情况；英国学者查阅了大英博物馆的资料，提供了米尔恩专著1883年首印版本；日本地震学家寄来了20世纪40

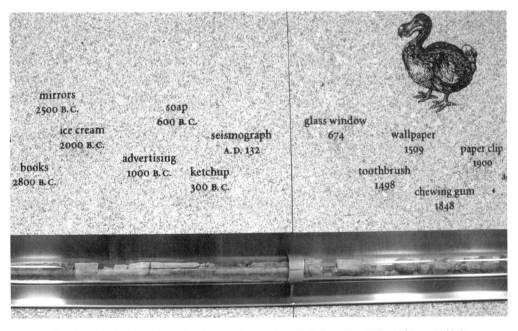

美国波特兰市地铁站的墙上，镌刻着世界历史上的重大发明。张衡地动仪居于其中

年代之前的研究成果，丰富了研究资料；俄罗斯考古学家发来了在西伯利亚残留的"汉龙""八方分区"的珍贵岩画图片；奥地利、法国、美国同行也都提供了他们的资料，提出了一些很好的意见建议。至今，还不断地收到来自法国、荷兰、捷克等国学者研究地动仪的文章。活跃的学术交流氛围，有利于研究组吸取前期研究的经验和教训，准确地掌握有效信息，丰富地动仪的科学、文化内涵。

新复原的地动仪模型于 2008 年 9 月定型问世，更加逼近了历史原貌，并具备了验震功能，最终通过了专家鉴定和政府部门的验收。2009 年，中国科学技术馆在国庆 60 周年之际，首次向社会公布了新复原的地动仪模型，《中国大百科全书（第二版）》亦以它为准，更新了对地动仪的介绍。河南博物院、上海科技馆、山东威海科技馆、防灾科技学院、北京地震与建筑科教馆、唐山地震纪念馆、国家地震应急救援基地等都展出了地动仪青铜复原模型，介绍和演示地动仪的工作原理和内部结构，内地和香港的小学课本正在陆续将它引入到教学之中。对新模型，法国和香港发行了张衡地动仪纪念邮票，比利时在欧洲发明者协会的展览中做了宣传介绍，美国、英国和日本还分别来华拍摄了专题电视片，宣传新的张衡地动仪复原模型。张衡作为具有全球影响力的杰出科学家，受到各国广泛赞誉和关注。

香港 2015 年发行了张衡地动仪的纪念邮票

比利时在欧洲发明者协会的展览中对地动仪复原模型做了宣传介绍

 7.5 伟大贡献做小结，科学研究无止境

对地动仪原理和复原过程的讲解和实验参观结束了。冯爷爷带领着大家梳理了此次科学复原过程所经历的五个步骤。

第一步，研究古文献。落实不止一份资料的记载内容。

第二步，调查研究。调研前人在考古、历史、艺术、地震学等方面的研究成果。

第三步，综合研究。分析近百年来对张衡地动仪原理研究的各种成果、问题与进展；确认地动仪的原理、结构、造型的整体关系，设计新的概念模型。

第四步，开展科学实验。对推算的各项结构参数进行地震学检验，完成从概念模型到科学模型的升华。

第五步，设计制作外部造型。艺术家和工艺人员开展地动仪外部造型的设计和制作。完成原大铸铜模型后，再次进行科学实验的全面检验，以最大程度地逼近历史。

然后，冯爷爷请潭柘和镱镱尝试着对地动仪的科学原理自己做一个小结。下面就是兄妹俩在冯爷爷的指导下做的小结。

张衡的科学贡献有三个可圈可点之处。

第一，模仿了悬挂物对地震的反应，找到了一个测量地震的科学途径。它只对地震出现反应，却不怕非地震运动的干扰。

第二，借鉴了门闩类的触发机构，通过细小构件"关"，实现了对微弱信号的高稳定、高灵敏观测。

第三，以丸从龙首吐出的方式，留下地震发生过的证据。

张衡地动仪在工作原理上利用了惯性，将生活中的悬挂物（天然验震器）升华成悬垂摆式验震器，内部含柱、关、道、机、丸五部分结构。它对陇西地震的成功测震是人类第一次观测到地震波动的重要实践，测震学从此迈出了光辉的历史第一步。

从地震学的实验结果看，地动仪能成功观测到陇西地震有三个因素。

首先，起作用的是瑞利面波。它在射线方向上的运动特点是很小的加速度、几毫米的大振幅、几秒的长周期、几分钟的持续振动，引起地动仪樽体的反复摇晃，樽体与都柱之间便出现相对位移，继而导致吐丸。

其次，悬挂都柱约 3 秒的固有周期和瑞利面波的优势周期相吻合，共振起到了放大作用，而不同频率的横波作用反被抑制了。

最后，灵台的观测点存在一定的地形效应。位于松散河漫滩的台基高出地面约 2 米，会放大信号 1 ~ 1.5 倍，有利于对面波的观测。

冯爷爷对大家在此次活动中的表现和取得的成绩给予了充分肯定。

最后，冯爷爷强调："对于所有科研成果，都要从发展的眼光来看待，不能躺在前人的枕头上睡大觉。今天的地动仪复原模型仅仅是现阶段的一个比较好的认识，只能说是对历史的逼近，而不是历史原物。今后，随着资料的丰富和研究的深入，复原模型还会得到进一步改进。就像奥运会纪录不断地被后人刷新一样，科学研究也永远没有止境。"

科学研究永无止境！

地动仪的工作过程如下。

地震时，从地下传来的地震波以水平方向振动为主，振动幅度很小，但持续时间长，樽体基座被反复地水平振动，"地动摇樽"了。沉重的都柱却因惯性继续保持静止，樽与都柱间便发生了相对的侧向位移，即"都柱傍行"。于是，置于樽体底座的小关球便掉落出来，它滚动的方向取决于与都柱发生位错的方向。

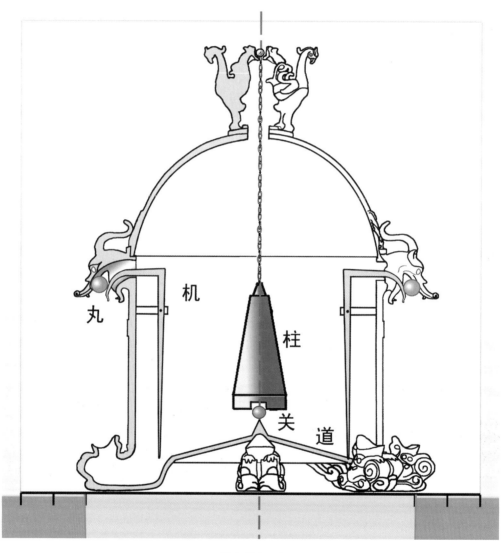

静止状态

地动仪的工作过程示意图

　　小关球顺着"道"滚下，撞击"机"，出现"一龙发机，而七首不动"。随着龙嘴内的铜丸落入蟾蜍口中，腹内空空的蟾蜍像个大喇叭一样"当啷"叫了一声，报告地震了！

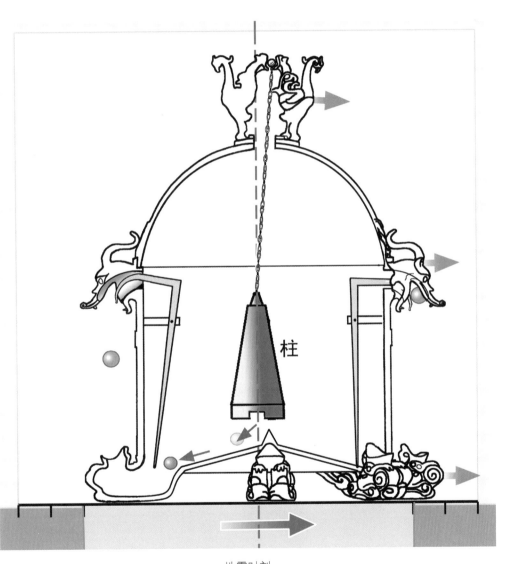

柱

地震时刻

地动仪的工作过程示意图

8 科学家寄语

亲爱的小朋友们，你们好！

张衡同亚里士多德、伽利略、牛顿、达尔文、门捷列夫、居里夫人、爱因斯坦等伟大科学先驱一样，正是他们的发现，揭示了真理，改写了人类的历史。我们要学习他们，用创新的思想不断与固有的观念和偏见进行斗争，在他们辉煌成就的基础上，不懈地在各个领域深化对自身和世界的认识，为世界文明的进步做出贡献。

科学的创新和继承是不可分的。我们今天学习数学、物理、化学和生物等学科的基本知识，就是在继承前人的经验，继承他们分析问题和解决问题的思路和方法，开拓认识客观世界的眼界。掌握了这些知识和方法，就是站在了巨人的肩上，可以向更宽广的视野远眺，向更高处飞翔探索……世界就是这样前进的。研究地动仪仅是一个小例子，目的是要分析这些科学巨人的创造性思维有哪些特点，探寻正确认识是如何获得的，使我们获得历史经验和思想启迪。

创新又是始于足下的，与细小现象的启迪紧密相关。万有引力定律启迪于牛顿头上的苹果，遗传学的建立离不开孟德尔的豌豆，地动仪的诞生同样与地震时悬挂物的摇晃现象分不开。有了善于观察，还要勤于动脑动手。动脑，就是深入思考，凡事问一个为什么；动手，就是科学实践，遇到问题亲自干一干，实践出真知。这种好习惯我们要从小养成。

　　热爱科学、热爱大自然吧。牛顿大家都很熟悉，奠定了现代科学的基础。他是这样体会的："我就像一个在海边玩耍的孩子，欢快地不时捡到一个比一个更亮丽的石子和贝壳，而远未知晓的世界就像大海一样展现在我的面前。"远眺海洋波涛，我们会深深地体会到自己的时代责任，多彩的世界正在欢快地召唤着我们。

　　预祝你们成功！

地震学教授　冯锐

二〇一〇年五月